Der Ingenieur als GmbH-Geschäftsführer

Andreas Sattler · Hans-Joachim Broll ·
Sebastian Kaufmann

Der Ingenieur als GmbH-Geschäftsführer

Grundwissen, Haftung, Vertragsgestaltung

8. Auflage

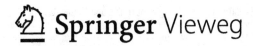 Springer Vieweg

Andreas Sattler
Sattler & Partner AG
Schorndorf, Deutschland

Sebastian Kaufmann
Kanzlei Dr. Broll, Schmitt,
Kaufmann &, Partner
Dresden, Deutschland

Hans-Joachim Broll
Kanzlei Dr. Broll, Schmitt,
Kaufmann &, Partner
Stuttgart, Deutschland

ISBN 978-3-662-65835-2   ISBN 978-3-662-65836-9   (eBook)
https://doi.org/10.1007/978-3-662-65836-9

Die Deutsche Nationalbibliothek verzeichnet diese Publikation in der Deutschen Nationalbibliografie; detaillierte bibliografische Daten sind im Internet über http://dnb.d-nb.de abrufbar.

Planung/Lektorat: Alexander Gruen
Springer Vieweg ist ein Imprint der eingetragenen Gesellschaft Springer-Verlag GmbH, DE und ist ein Teil von Springer Nature.
Die Anschrift der Gesellschaft ist: Heidelberger Platz 3, 14197 Berlin, Germany

Vorwort zur 8. Auflage

Die Gesellschaft mit beschränkter Haftung (GmbH) ist die beliebteste Rechtsform klein- und mittelständischer Unternehmer. Viele der mittelständischen Unternehmen sehen in der GmbH aufgrund der Haftungsbegrenzung auf das Stammkapital die ideale Rechtsform, unabhängig davon, ob das Unternehmen in der Technologie-, Handels- oder Dienstleistungsbranche tätig ist.

Der Preis für die Erlangung der Haftungsbeschränkung ist jedoch die Einhaltung von „Spielregeln", die der Gesetzgeber und die Rechtsprechung vor allem für GmbH-Geschäftsführer als handelnde Personen immer wieder konkretisieren und teilweise verschärfen.

Die Geschäftsführer dieser Gesellschaften sind i. d. R. nicht Juristen oder Kaufleute im Sinne des Handelsgesetzbuches (HGB), sondern Ingenieure, Techniker oder Naturwissenschaftler mit entsprechender Ausbildung. Viele dieser Unternehmensleiter hatten keine oder nur eingeschränkt Gelegenheit, sich neben dem Tagesgeschäft zusätzlich noch um die juristischen Grundlagen und Belange im Zusammenhang mit der Führung einer GmbH zu kümmern. Dies hat in der Praxis immer wieder dazu geführt, dass sich der technisch oder naturwissenschaftlich ausgebildete Geschäftsführer mit Umständen konfrontiert sieht, die im ungünstigsten Fall zu seiner persönlichen Haftung trotz der angestrebten Haftungsbeschränkung der GmbH führen können.

Nach den Vorstellungen des Gesetzgebers kann Geschäftsführer einer GmbH jede natürliche, unbeschränkt geschäftsfähige Person sein. Die Bestellung erfordert keinen Nachweis bezüglich einer Mindestqualifikation. Dennoch erwarten Gesetzgeber und die Rechtsprechung, dass Geschäftsführer sich der Rechte und Pflichten ihres Amtes bewusst sind und sich hierüber hinreichend informieren.

Diesen Personenkreis spricht das vorliegende Buch an. Es soll dem geschäftsführenden Nicht-Juristen ein leicht verständlicher Leitfaden sein und ihm eine praxisorientierte Übersicht zur Vermeidung von Haftungsfallen und sonstigen Rechtsverstößen
an die Hand geben.

Schorndorf   Andreas Sattler
im Januar 2023   Hans-Joachim Broll
                                                            Sebastian Kaufmann

Inhaltsverzeichnis

Die GmbH-Gründung

1

1.1 Die Gründungsphasen

Die Gesellschaft mit beschränkter Haftung (GmbH) entsteht als juristische Person durch ihre Eintragung in das Handelsregister. Vor ihrer Eintragung besteht sie als solche nicht. Allerdings durchläuft die GmbH bis zu ihrer Eintragung zwei Gründungsphasen.

1.1.1 Vorgründungsgesellschaft

Sobald sich die Gründer darüber einig sind, eine GmbH zu errichten, entsteht eine sog. Vorgründungsgesellschaft. Diese ist rechtlich i. d. R. eine Personengesellschaft in Gestalt der Gesellschaft bürgerlichen Rechts (GbR) oder aber im Falle des Betriebes eines Handelsgewerbes eine Offene Handelsgesellschaft (OHG). In beiden Fällen haften deren Gesellschafter persönlich und solidarisch.

> **Beispiel**
>
> A, B und C überlegen sich im Rahmen einer ihrer wöchentlichen Skatrunden, eine GmbH zu gründen. Sie beauftragen am nächsten Tag einen Notar mit dem Entwurf eines Gesellschaftsvertrages. In der Zwischenzeit mietet A im Einverständnis mit B und C bereits Büroräume für die noch zu gründende GmbH an, beauftragt eine Werbeagentur und nimmt an Ausschreibungen teil. Vertragspartner des Vermieters wird nicht die GmbH, sondern eine Personengesellschaft (GbR oder OHG), bestehend aus A, B und C. Die drei Gesellschafter haften für diese Verpflichtungen auch mit ihrem Privatvermögen, selbst wenn es später zur Eintragung der GmbH in das Handelsregister kommt. ◀

© Springer-Verlag GmbH Deutschland, ein Teil von Springer Nature 2022
A. Sattler et al., *Der Ingenieur als GmbH-Geschäftsführer*,
https://doi.org/10.1007/978-3-662-65836-9_1

Die später durch ihre Eintragung entstehende GmbH ist mit der Vorgründungsgesellschaft nicht identisch. Es besteht keine automatische Rechtsnachfolge. Vermögen und Verbindlichkeiten aus dem Vorgründungsstadium gehen nur dann auf die spätere GmbH über, wenn diese im Wege der Einzelrechtsnachfolge ausdrücklich auf die GmbH übertragen werden. Bei Vertragsverhältnissen mit Dritten bedarf dies der Zustimmung des Vertragspartners. Eine einmal begründete persönliche Haftung der Gesellschafter aus der Vorgründungsphase bleibt trotz Eintragung der GmbH bestehen. Leistungen, die die Gesellschafter bereits in diesem Stadium erbringen, können nicht auf ihre spätere notarielle Verpflichtung zur Erbringung des anteiligen Stammkapitals angerechnet werden.

Mit der Vorgründungsgesellschaft wird unter den Gesellschaftern bereits ein vorvertragliches Vertrauensverhältnis mit der Folge begründet, dass die Gesellschafter zur gegenseitigen Rücksichtnahme verpflichtet sind.

> **Beispiel**
>
> A, B und C verhandeln 2 Wochen über die Formulierung des notariellen Gesellschaftsvertrages und nehmen dafür im allseitigen Einverständnis anwaltliche Beratung in Anspruch. Kurz vor Beurkundung eröffnet B dem A und dem C, dass er lieber mit D eine GmbH gründen möchte und an der Errichtung der GmbH mit A und B kein Interesse mehr hat. Die Kosten für getätigte Aufwendungen, wie z. B. die Rechtsanwaltskosten für den Vertragsentwurf des Gesellschaftsvertrages hat B dennoch anteilig zu tragen. ◄

1.1.2 Vor-GmbH

Mit Abschluss des notariell beurkundeten Gesellschaftsvertrages entsteht die sog. Vor-GmbH, welche auch als GmbH i. G. (in Gründung) bezeichnet wird. Die Vor-GmbH unterliegt bereits im Wesentlichen dem GmbH-Recht. Es besteht im Unterschied zur Vorgründungsgesellschaft Rechtskontinuität zu der ins Handelsregister eingetragenen GmbH, d. h. die spätere GmbH ist Gesamtrechtsnachfolger der Vor-GmbH. Vermögen, Verträge und Verbindlichkeiten gehen mit Eintragung der GmbH ins Handelsregister automatisch von der Vor-GmbH auf die GmbH über.

Sofern die GmbH und ihre Geschäftsführer mit dem Beginn der Geschäftstätigkeit abwarten, bis die GmbH im Handelsregister eingetragen ist, bestehen im Rahmen der Gründung keine besonderen Haftungsrisiken.

Oftmals wird aber die Vor-GmbH bereits nach außen hin tätig (z. B. Anmietung von Geschäftsräumen, Erwerb von Anlagevermögen).

Für die im Namen der GmbH abgeschlossenen Geschäfte haftet die Vor-GmbH mit ihrem Vermögen. Daneben haften die Gesellschafter (Gründer) gegenüber ihrer Gesellschaft unmittelbar persönlich für sämtliche Verluste, welche das satzungsmäßige

Stammkapital vor Eintragung der GmbH in das Handelsregister schmälern. Ist also das Stammkapital zum Zeitpunkt der Eintragung der GmbH in das Handelsregister nicht mehr vollständig vorhanden, weil im Stadium der Vor-GmbH Verbindlichkeiten begründet oder bezahlt wurden haften die Gesellschafter im Verhältnis ihrer Geschäftsanteile für den Differenzbetrag zwischen Stammkapital und dem zum Zeitpunkt der Eintragung der GmbH in das Handelsregister noch vorhandenem Kapital (sog. Differenz- bzw. Unterbilanz- oder Vorbelastungshaftung). Zudem haben sie persönlich für alle Verluste einzustehen, die in der Phase der Vor-GmbH über den Verbrauch des eingezahlten Stammkapitals hinaus entstehen. Diese sog. Verlustdeckungshaftung besteht nicht gegenüber Dritten, sondern nur gegenüber der Gesellschaft selbst und ist nicht auf den Betrag des Stammkapitals oder den Nennbetrag des Geschäftsanteils beschränkt (unbeschränkte Innenhaftung).

Beispiel

A, B und C haben durch notariellen Vertrag eine GmbH mit dem Mindeststammkapital von 25.000 € errichtet und unmittelbar danach bereits Waren in Höhe von 150.000 € angeschafft. Die ersten Aufträge werden noch vor Eintragung ins Handelsregister ausgeführt, aber unter Einsatz des gesamten Wareneinkaufs nur ein Umsatz in Höhe von 100.000 € erzielt. A, B und C haften der Gesellschaft gesamtschuldnerisch für den Verlust, der vom Stammkapital der Gesellschaft nicht gedeckt ist (25.000 €). Daneben haften sie quotal auf (nochmalige) Einzahlung des durch den erzielten Verlust ebenfalls bereits vor Eintragung der GmbH verbrauchten Stammkapitals. ◀

Die zur Gründung einer GmbH erforderlichen Unterlagen werden grundsätzlich elektronisch beim Registergericht eingereicht. Angesichts der durch den elektronischen Registerverkehr kurzfristig zu erlangenden Eintragung einer GmbH ins Handelsregister ist dringend von Geschäften im Vorgründungs- oder Vor-GmbH-Stadium abzuraten. Notfalls sollte der Erwerb einer bereits eingetragenen Vorratsgesellschaft in Betracht gezogen werden, welche sofort handlungsfähig ist und auch nach ihrer Eintragung in das Handelsregister noch über ein Bankkonto in voller Höhe des Stammkapitals verfügt.

Neben der Vor-GmbH haftet schließlich auch derjenige gegenüber Dritten persönlich, der für die Gesellschaft im Rechtsverkehr handelt (sog. Handelndenhaftung). Diese trifft zumeist den Geschäftsführer, welcher für die GmbH auftritt. Handelnder im Sinne des § 11 Abs. 2 GmbHG ist derjenige, der im Namen der GmbH im Rechtsverkehr als Geschäftsführer oder wie ein Geschäftsführer rechtsgeschäftlich handelt. Der Handelnde haftet aber nur gegenüber Dritten, nicht gegenüber der Gesellschaft oder den Gesellschaftern. Wird der Handelnde in Anspruch genommen, hat er einen Erstattungsanspruch bzw. einen Freistellungsanspruch sowohl gegen die Vor-GmbH als auch später gegen die eingetragene GmbH als Rechtsnachfolger der Vor-GmbH.

Beispiel

C soll Geschäftsführer der neu zu gründenden AB-GmbH werden. Nach dem Notar-
termin aber noch vor Eintragung im Handelsregister schließt er für die AB-GmbH
einen Kaufvertrag ohne darauf hinzuweisen, dass sich die GmbH noch in Gründung
befindet. C haftet dem Vertragspartner für die Kaufpreisforderung mit seinem Privatvermögen, solange die GmbH nicht im Handelsregister eingetragen ist. Nimmt ihn
der Vertragspartner persönlich in Anspruch, kann er von der GmbH verlangen, dass
diese ihn freistellt. ◀

Mit der Eintragung der GmbH in das Handelsregister erlischt die Handelndenhaftung.

Die Vor-GmbH ist bereits namens- und firmenrechtsfähig. Die spätere GmbH kann
sich im Streit um die Priorität des Namens oder der Firma auf den früheren Gebrauchs-
zeitpunkt berufen, wenn auch sie den Namen oder die Firma führt.

1.2   Das Gründungsverfahren

Der eigentliche Gründungsakt ist die Beurkundung des Gesellschaftsvertrages, der
Satzung. Den notwendigen Mindestinhalt des Gesellschaftsvertrages regelt § 3 GmbHG.
Der Gesellschaftsvertrag muss enthalten: die Firma und den Sitz der Gesellschaft, den
Gegenstand des Unternehmens, den Betrag des Stammkapitals, die Zahl und die Nennbeträge der Geschäftsanteile, die jeder Gesellschafter gegen Einlage auf das Stammkapital übernimmt. Änderungen der Satzung in diesen Punkten bedürfen erneut der
notariellen Beurkundung.

Beispiel

Die ABC-GmbH hat als Satzungssitz Dresden. Bei einem Umzug in eine andere
Gemeinde wäre eine notarielle Satzungsänderung erforderlich. Gleiches gilt, wenn C
plötzlich nicht mehr in der Firmierung auftauchen und die GmbH unter AB-GmbH
firmieren soll. ◀

Nach der Beurkundung wird für die Gesellschaft ein Bankkonto eröffnet und jeder
Gesellschafter zahlt seine Einlagen auf die von ihm übernommenen Geschäftsanteile.
Anschließend erfolgt durch sämtliche bestellte Geschäftsführer die Anmeldung der
Gesellschaft zum Handelsregister bei dem Amtsgericht, in dessen Bezirk die Gesell-
schaft ihren Sitz hat. In der Praxis unterschreibt der Geschäftsführer die Anmeldung der
Gesellschaft bereits im Rahmen der notariellen Gründung mit. Da er in dieser allerdings
versichern muss, dass er die Einlagen auf die Geschäftsanteile zur freien Verfügung
hat, reicht der Notar die Anmeldung erst dann beim Handelsregister ein, wenn ihm die
Einzahlung des Stammkapitals zumindest glaubhaft gemacht wurde. Es genügt, falls

in der Satzung so vorgesehen, wenn bei einer Bar-Gründung auf jeden Geschäftsanteil ein Viertel des Nennbetrags, insgesamt aber wenigstens die Hälfte des Mindeststammkapitals von 25.000,00 € eingezahlt wird (sog. Halbeinzahlung). Für die Einzahlung der anderen Hälfte des Stammkapitals haften freilich alle Gründer gegenüber der Gesellschaft. Zu empfehlen ist daher die Volleinzahlung des Stammkapitals und dessen Vorhandensein noch bei Eintragung der Gesellschaft in das Handelsregister (abzüglich Notarkosten).

Damit das Handelsregister nicht erst eine Stellungnahme der örtlich zuständigen IHK zur gewählten Firmierung einholen muss, empfiehlt es sich, die Firma, d. h. den Namen der Gesellschaft, vor dem notariellen Gründungstermin selbst mit der IHK abzustimmen. Die Stellungnahme der IHK kann dann vom Notar mit beim Handelsregister eingereicht werden und den Gründungsprozess beschleunigen.

Das GmbH-Gesetz stellt im Anhang zu § 2 Abs. 1 a ein Musterprotokoll für eine vereinfachte Gründung zur Verfügung, welche gewisse Kostenvorteile mit sich bringen. Dieses Musterprotokoll ist aber so rudimentär gehalten und noch dazu unveränderlich, dass es allenfalls für Einmanngesellschaften oder Existenzgründer tauglich ist. Es fehlen jegliche Regelungen zur Erbfolge, zur Einziehung, zur Abfindung ausscheidender Gesellschafter usw. Bei mehreren Gesellschaftern ist dringend ein ausformulierter und auf den jeweiligen Einzelfall zugeschnittener Gesellschaftsvertrag zu empfehlen.

Ab 01.08.2022 ermöglicht § 2 Abs. 3 GmbHG neue Fassung die Möglichkeit der notariellen Beurkundung des GmbH-Gesellschaftsvertrages sowie der im Rahmen der Gründung der Gesellschaft gefasster Beschlüsse ohne physische Zusammenkunft durch ein videobasiertes Beurkundungsverfahren. In diesem Fall werden für die Unterzeichnung der Gründungsurkunde eine qualifizierte elektronische Signatur der mittels Videokommunikation an der Beurkundung teilnehmenden Gesellschafter genügen.

1.3 Die Firmierung

Die Firma eines Kaufmanns ist der Name, unter dem er seine Geschäfte betreibt. Die GmbH ist nach § 6 Abs. 1 HGB als Handelsgesellschaft Kaufmann kraft ihrer Rechtsform.

Nach § 6 GmbHG muss die Firma einer GmbH zwingend die Bezeichnung „Gesellschaft mit beschränkter Haftung" oder eine allgemein verständliche Abkürzung dieser Bezeichnung enthalten („GmbH").

Die Firmierung ist ansonsten grundsätzlich frei, zulässig sind Phantasiefirmen; Sachfirmen, die den Unternehmensgegenstand oder Produkte für die Namensbildung nutzen; Personenfirmen, die den Namen des oder der Gesellschafter nutzen; Firmen, die geographische Bezeichnungen enthalten; alle Mischformen; fremdsprachige Bezeichnungen, Zahlenbezeichnungen; aus Buchstaben und/oder Ziffern gebildete Bezeichnungen. Ein bloßes Zeichen wie „@" ist als Firma nicht eintragungsfähig. Die Firma muss zur Kennzeichnung des Kaufmanns geeignet sein und eine Unterscheidung ermöglichen. § 18 Abs. 1 HGB fordert daher Unterscheidungskraft und Kennzeichnungskraft. Unterscheidungskraft bedeutet, dass die Firma so gewählt werden muss, dass sie nicht das Risiko in sich birgt, mit anderen Gesellschaften verwechselt zu werden. Verwechslungsgefahr und damit keine Eintragungsfähigkeit besteht bei Sachfirmen wie auch solchen mit rein geografischen Bezeichnungen immer dann, wenn sie keinen individualisierenden Zusatz enthalten, sondern sich auf eine allgemeine Tätigkeits- oder Ortsbeschreibung beschränken. Das Gleiche gilt für häufig auftretende Familiennamen.

Schranken der Firmierung sind die Grundsätze der Firmenklarheit und Firmenwahrheit (Verbot der Irreführung). Deshalb darf die Firma keine Angaben enthalten, die geeignet sind, über geschäftliche Verhältnisse, die für die angesprochenen Verkehrskreise wesentlich sind, irrezuführen. Diese Voraussetzungen werden von der örtlichen Industrie- und Handelskammer (IHK) überwacht, welcher die Firmierung vor Eintragung ins Handelsregister zur Prüfung zugeleitet wird. Will man die Eintragung beschleunigen, klärt man bereits vor Anmeldung zum Handelsregister die Firma mit der IHK ab.

Schranken der freien Firmierung sind auch Rechte Dritter, insbesondere Marken- und Namensrechte.

Die Organe der GmbH

2

Organe der GmbH sind die Gesellschafterversammlung und der Geschäftsführer.

2.1 Die Gesellschafterversammlung

Die Gesellschafterversammlung, welche aus der Gesamtheit aller Gesellschafter besteht, ist das oberste Willensbildungsorgan der Gesellschaft. Die Geschäftsführer sind ihr bis auf wenige Ausnahmen weisungsgebunden.

Die Beschlüsse der Gesellschafter werden nach der Vorstellung des Gesetzgebers grundsätzlich in formal einzuberufenden Versammlungen gefasst. In der Praxis sind jedoch sog. Umlaufbeschlüsse oder aber Vollversammlungen an der Tagesordnung, an denen sich alle Gesellschafter unter Verzicht auf Formen und Fristen beteiligen.

Nach § 46 GmbHG unterliegen der Bestimmung der Gesellschafter insbesondere die Feststellung des Jahresabschlusses und die Verwendung des Ergebnisses; die Einforderung der Einlagen; die Bestellung, Abberufung und Entlastung von Geschäftsführern; die Maßregeln zur Prüfung und Überwachung der Geschäftsführung; die Geltendmachung von Ersatzansprüchen, welche der Gesellschaft aus der Gründung oder Geschäftsführung gegen Geschäftsführer oder Gesellschafter zustehen sowie die Vertretung der Gesellschaft in Prozessen, welche sie gegen die Geschäftsführer zu führen hat.

Durch die Satzung können der Gesellschafterversammlung weitere Entscheidungskompetenzen zuerkannt, insbesondere Zustimmungsvorbehalte zu einzelnen Geschäftsführungsmaßnahmen geregelt werden. Zu empfehlen ist insoweit, die einzelnen Geschäftsführungsmaßnahmen nicht in der Satzung selbst aufzuführen, sondern eine Ermächtigung der Gesellschafterversammlung, dass diese die zustimmungsbedürftigen Geschäfte durch Gesellschafterbeschluss oder über eine Geschäftsordnung definieren

© Springer-Verlag GmbH Deutschland, ein Teil von Springer Nature 2022
A. Sattler et al., *Der Ingenieur als GmbH-Geschäftsführer*,
https://doi.org/10.1007/978-3-662-65836-9_2

darf. Dies hat den Vorteil, bei Änderungen des Kataloges der zustimmungsbedürftigen Geschäfte den Gesellschaftsvertrag selbst nicht ändern zu müssen.

Beispiel

Geschäftsführungsmaßnahmen wie die Übernahme einer Bürgschaft, Abschluss langfristiger Miet- oder Pachtverträge, Verkauf eines Grundstücks oder Einstellung von leitendem Personal kann im Innenverhältnis zum Geschäftsführer der Entscheidungsgewalt der Gesellschafterversammlung übertragen werden.

Aber Vorsicht: für einseitige und vielleicht auch noch fristgebundene Willenserklärungen, z. B. die Kündigung eines Anstellungsvertrages, wäre ein solcher Zustimmungsvorbehalt der Gesellschafterversammlung eher hinderlich. ◀

Nach der Vorstellung des Gesetzgebers sind Gesellschafterbeschlüsse mit einfacher Mehrheit zu treffen, sofern Gesellschaftsvertrag oder Gesetz nicht etwas anderes vorsehen. Letzteres ist z. B. bei Satzungsänderungen, der Liquidation oder bei Umwandlungsmaßnahmen der Fall. In diesen Fällen sieht das Gesetz eine Mehrheit von drei Vierteilen der abgegebenen Stimmen vor.

Eine Mehrheit bestimmt sich nach der Summe der Nennbeträge der stimmberechtigten Geschäftsanteile. Sofern im Gesellschaftsvertrag nichts Abweichendes geregelt ist, gewährt jeder Euro eines Geschäftsanteils nach § 47 Abs. 2 GmbHG eine Stimme. Hält die GmbH eigene Anteile an sich selbst, ruhen die Stimmrechte aus diesen eigenen Geschäftsanteilen.

Eine Stimmabgabe ist auch durch Bevollmächtigte möglich. Dies kann jedoch im Gesellschaftsvertrag ausgeschlossen oder auf bestimmte Personen beschränkt werden. Sofern im Gesellschaftsvertrag nichts Abweichendes geregelt ist, bedürfen Vollmachten zu ihrer Gültigkeit der Textform.

Ein Gesellschafter, der durch eine Beschlussfassung entlastet oder von einer Verbindlichkeit befreit werden soll, hat insoweit in einer Gesellschafterversammlung kein Stimmrecht, wohl aber ein Anwesenheitsrecht. Das Stimmverbot des § 47 Abs. 4 GmbHG gilt über den Gesetzeswortlaut hinaus für alle Gesellschafterbeschlüsse, die darauf abzielen, das Verhalten eines Gesellschafters – ähnlich wie bei einer Entlastung – zu billigen oder zu missbilligen. Entgegen einem Stimmverbot abgegebene Stimmen sind nichtig und bleiben bei der Berechnung der erforderlichen Mehrheit außer Betracht.

Die Gesellschafterversammlung wird durch die Geschäftsführer einberufen. Jeder Geschäftsführer ist allein einberufungsbefugt und kann auch die von ihm einberufene Gesellschafterversammlung jederzeit ohne Angaben von Gründen wieder absagen. Wenn es im Interesse der Gesellschaft erforderlich erscheint oder wenn die Hälfte des Stammkapitals verbraucht ist, muss eine außerordentliche Gesellschafterversammlung einberufen werden.

Minderheitsgesellschafter können vom Geschäftsführer die Einberufung einer Gesellschafterversammlung oder aber die Aufnahme bestimmter Tagesordnungspunkte verlangen, wenn sie zusammen 10 % des Stammkapitals repräsentieren. Wird dem Verlangen nicht entsprochen oder ist ein Geschäftsführer nicht (mehr) vorhanden, so kann die Gesellschafterminderheit unter Mitteilung des Sachverhaltes die Berufung der Versammlung oder Ankündigung der Tagesordnungspunkte selbst bewirken.

Sofern im Gesellschaftsvertrag nichts Abweichendes geregelt ist, muss die Einberufung zu einer Gesellschafterversammlung mittels eingeschriebenen Briefes erfolgen. Zu empfehlen ist insoweit ein Einwurf-Einschreiben und kein Einschreiben-Rückschein, weil Letzteres nicht zugeht, falls nur eine Benachrichtigung eingeworfen und dann das Einschreiben nicht abgeholt wird.

Sofern im Gesellschaftsvertrag nichts Abweichendes geregelt ist, beträgt sie gesetzliche Mindestfrist zwischen der Einladung zur Gesellschafterversammlung und ihrem Termin eine Woche, auch für außerordentliche Gesellschafterversammlungen.

Wichtig ist, dass der Zweck der Versammlung hinreichend spezifiziert mitgeteilt wird, um den Gesellschaftern eine sachliche Vorbereitung auf die Versammlung zu ermöglichen. Das gleiche gilt in Bezug auf Beschlüsse über Gegenstände, welche nicht wenigstens drei Tage vor der Versammlung in der für die Einladung vorgeschriebenen Weise (eingeschriebener Brief) angekündigt worden sind.

Beispiel

Die geschäftsführenden Gesellschafter A und B wollen C als Geschäftsführer abberufen. Sie laden mit eingeschriebenen Brief zu einer Gesellschafterversammlung und geben als Zweck zunächst nur an: Verhalten des Geschäftsführers C. Dies wäre unzureichend.

Vier Tage vor der Gesellschafterversammlung schicken sie – erneut mit eingeschriebenen Brief – eine Tagesordnung hinterher mit den TOP Abberufung C aus wichtigem Grund und Kündigung seines Geschäftsführeranstellungsvertrages. Dies würde genügen. ◀

2.1.1 Auskunfts- und Einsichtsrecht der Gesellschafter nach § 51a GmbHG

Nach § 51a Abs. 1 GmbHG ist der Geschäftsführer verpflichtet, jedem Gesellschafter auf Verlangen unverzüglich Auskunft über die Angelegenheiten der Gesellschaft zu geben und Einsicht in die Bücher und Schriften der Gesellschaft am Sitz der Gesellschaft zu gestatten.

Die Anfertigung und Übersendung von Kopien ist hiervon nicht umfasst, wohl aber ist dem Gesellschafter dies vor Ort zu ermöglichen. Dieser darf auch zur Verschwiegenheit verpflichtete Berater hinzuziehen.

Die Auskunft und die Einsicht darf der Geschäftsführer dann verweigern, wenn zu befürchten ist, dass diese Informationen vom Gesellschafter zu gesellschaftsfremden

Zwecken verwendet werden und dadurch der GmbH oder einem verbundenen Unternehmen ein nicht unerheblicher Nachteil zugefügt wird. Die Verweigerung muss allerdings von der Gesellschafterversammlung beschlossen werden. Das Auskunfts- und Einsichtsrecht des Gesellschafters ist zwingend und kann durch den Gesellschaftsvertrag nicht aufgehoben werden.

2.1.2 Sonderprüfung gemäß § 46 Nr. 6 GmbHG

Eine Sonderprüfung ist im GmbH-Recht – anders als im Aktienrecht – gesetzlich nicht geregelt. Jedoch kann auch im GmbH-Recht die Gesellschafterversammlung eine Sonderprüfung als Maßregel zur Überwachung der Geschäftsführung beschließen.

Bei der Sonderprüfung handelt es sich im Gegensatz zum individuellen Auskunfts- und Einsichtsrecht des § 51a GmbHG um ein Kontrollinstrument der Gesellschaftergesamtheit, weshalb es eines entsprechenden mit einfacher Mehrheit zu fassenden Gesellschafterbeschlusses bedarf.

Bei der Beschlussfassung über Prüfungsmaßnahmen sind Gesellschafter-Geschäftsführer vom Stimmrecht ausgeschlossen, wenn die Sonderprüfung u. a. der Überprüfung ihres Verhaltens dient.

Hinsichtlich des Gegenstands der Sonderprüfung gibt es – anders als im Aktiengesetz – keine inhaltlichen Einschränkungen. Insbesondere muss keine Beschränkung auf bestimmte, sachlich und zeitlich abgrenzbare Geschäftsvorgänge erfolgen, sodass auch die Rechtmäßigkeit und möglicherweise sogar die Zweckmäßigkeit geplanter Geschäftsführungsmaßnahmen Gegenstand einer GmbH-rechtlichen Sonderprüfung sein kann. Damit der Sonderprüfer sich alle erforderlichen Informationen verschaffen kann, die er für die Ausführung des ihm erteilten Auftrags benötigt, hat er einen Auskunftsanspruch gegen die Organmitglieder der GmbH, insbesondere also auch gegen die Geschäftsführung. Aus dem Auskunftsanspruch des Sonderprüfers folgt eine Kooperationspflicht der Geschäftsführer dergestalt, dass diese im Rahmen des Prüfungsthemas umfassend Auskunft geben und alles ermöglichen müssen, was zur Durchführung der Prüfungshandlungen notwendig ist. Ein Verstoß des Geschäftsführers gegen die ihm obliegende Kooperationspflicht mit dem Sonderprüfer kann seine Abberufung aus wichtigem Grund und die fristlose Kündigung seines Anstellungsvertrags rechtfertigen.

Umgekehrt ist auch der Geschäftsführer berechtigt, sein Amt aus wichtigem Grund niederzulegen, seinen Anstellungsvertrag fristlos zu kündigen und von der Gesellschaft Schadensersatz zu fordern, wenn der Sonderprüfungsantrag unverhältnismäßig weit oder völlig grundlos ist.

2.2 Der Geschäftsführer

2.2.1 Der Geschäftsführer als Organ

Die GmbH muss einen oder mehrere Geschäftsführer haben. Zu Geschäftsführern können Gesellschafter (sog. Gesellschafter-Geschäftsführer) oder Dritte (sog. Fremd-Geschäftsführer) bestellt werden. Geschäftsführer kann nur eine natürliche, unbeschränkt geschäftsfähige Person sein.

Ausschlusstatbestände sind in § 6 Abs. 2 Satz 2 GmbHG normiert: Ein Minderjähriger kann ebenso wenig Geschäftsführer sein, wie ein Betreuter, der bei der Besorgung seiner Vermögensangelegenheiten ganz oder teilweise einem Einwilligungsvorbehalt unterliegt.

Wer wegen Bankrott; Verletzung der Buchführungspflicht; Gläubigerbegünstigung; Schuldnerbegünstigung rechtskräftig verurteilt worden ist, kann auf die Dauer von 5 Jahren seit Rechtskraft des Urteils nicht Geschäftsführer sein. Mit Eintritt der Rechtskraft eines entsprechenden Urteils endet das Amt eines Geschäftsführers automatisch. Weitere Ausschlussgründe für Geschäftsführer sind Verurteilungen zu Freiheitsstrafen von mindestens einem Jahr (auch auf Bewährung) wegen Insolvenzverschleppung, Gründungsschwindel sowie aufgrund allgemeiner Straftatbestände mit Unternehmensbezug (Betrug, Vorenthalten von Sozialversicherungsbeiträgen).

Wem durch gerichtliches Urteil oder durch vollziehbare Entscheidung einer Verwaltungsbehörde die Ausübung eines Berufs, Berufszweiges, Gewerbes oder Gewerbezweiges untersagt worden ist, kann für die Zeit, für welche das Verbot wirksam ist, bei einer Gesellschaft, deren Unternehmensgegenstand ganz oder teilweise mit dem Gegenstand des Verbots übereinstimmt, nicht Geschäftsführer sein.

Das Registergericht hat die Eintragung des Geschäftsführers einer GmbH von Amts wegen im Handelsregister zu löschen, wenn eine persönliche Voraussetzung für dieses Amt nach § 6 Abs. 2 GmbHG nach der Eintragung entfällt. Die Inhabilität für das Geschäftsführeramt liegt nicht nur vor, wenn jemand als Täter (§ 25 StGB), sondern auch wenn jemand als Teilnehmer (§§ 26, 27 StGB) wegen einer vorsätzlich begangenen Straftat rechtskräftig verurteilt worden ist.

Gesellschafter, die vorsätzlich oder grob fahrlässig einer Person, die nicht Geschäftsführer sein kann, die Führung der Geschäfte überlassen, haften der Gesellschaft für den Schaden, der dadurch entsteht, dass diese Person die ihr gegenüber der Gesellschaft bestehenden Obliegenheiten verletzt.

Von der Organstellung des Geschäftsführers muss sein schuldrechtliches Dienstverhältnis unterschieden werden. Organstellung und Dienstvertrag können unabhängig voneinander bestehen, aber auch durch vertragliche Gestaltung miteinander verknüpft werden (z. B. Abberufung aus dem Amt soll zugleich als Kündigung zum nächstmöglichen Zeitpunkt wirken). Nicht selten wird bei GmbH-Neugründungen von dem geschäftsführenden Gesellschafter zunächst auf den Abschluss eines Dienstvertrages verzichtet, um die GmbH nicht mit Gehaltsaufwendungen zu belasten.

Ebenso kommt es vor, dass Angestellte einer GmbH zu Geschäftsführern ernannt werden, ohne dass der bestehende Dienstvertrag geändert bzw. nur das Gehalt erhöht wird. Endet in einem solchen Fall das Geschäftsführeramt später durch Abberufung oder Niederlegung, so gilt der Dienstvertrag grundsätzlich weiter, d. h., Dienstpflichten und Vergütungsansprüche bestehen fort, Kündigungsfristen sind zu beachten.

2.2.2 Die Rechtsstellung des Geschäftsführers

Der Geschäftsführer ist die zentrale Figur der GmbH. Er trägt die Verantwortung für die Erfüllung einer Vielzahl gesetzlicher und vertraglicher Pflichten. Erfüllt er diese Pflichten nicht, verspätet oder nicht ordnungsgemäß, muss der Geschäftsführer für Schäden, die der GmbH oder Dritten dadurch entstehen, persönlich und unbeschränkt mit seinem eigenen gesamten Privatvermögen einstehen.

Hinzu kommt das Risiko, strafrechtlich belangt zu werden.

Der Geschäftsführer vertritt die Gesellschaft jederzeit gerichtlich und außergerichtlich. Seine Vertretungsmacht kann im Außenverhältnis sachlich nicht beschränkt werden. Sind allerdings mehrere Geschäftsführer bestellt, so sind diese grundsätzlich nur gesamtvertretungsberechtigt, wovon allerdings durch eine konkrete Vertretungsregelung im Bestellungsbeschluss abgewichen werden kann.

Der Geschäftsführer führt die Geschäfte unter Beachtung der Vorgaben des Gesellschaftsvertrages und der Beschlüsse der Gesellschafter. Die Geschäftsführer sind der Gesellschaft gegenüber verpflichtet, die Beschränkungen einzuhalten, welche für den Umfang ihrer Befugnis, die Gesellschaft zu vertreten, durch den Gesellschaftsvertrag oder, soweit dieser nicht ein anderes bestimmt, durch die Beschlüsse der Gesellschafter festgesetzt sind (Innenverhältnis).

Beispiel

Nach dem Gesellschaftsvertrag der B-GmbH bedarf die Abgabe von Bürgschaftserklärungen im Namen der B-GmbH der vorherigen Zustimmung der Gesellschafterversammlung. Geschäftsführer A will eine Bürgschaft im Namen der B-GmbH übernehmen. Gesellschafter B stimmt telefonisch zu, Gesellschafter C ist im Urlaub. A gibt die Bürgschaftserklärung im Namen der B-GmbH ab. Dies stellt eine Verletzung seiner Pflichten im Innenverhältnis dar und begründet einen Abberufungsgrund. Außerdem ist er ggf. zum Schadensersatz verpflichtet. Im Außenverhältnis ist die Bürgschaft gleichwohl wirksam, es sei denn, der Bürgschaftsgläubiger kannte die Beschränkungen des Geschäftsführers A im Innenverhältnis. ◀

Aus Eigeninteresse sollte der Geschäftsführer, bevor er in seine Berufung einwilligt und/oder einen Dienstvertrag unterschreibt, sich über die Verhältnisse der Gesellschafter informieren. Ein Fremd-Geschäftsführer sollte ggfls. nachfragen, aus welchen Gründen die Gesellschafter die Geschäfte nicht selbst führen wollen oder sich gar aus der Geschäftsleitung zurückziehen. Nicht selten besteht die Situation, dass die Gesellschafter nur einen Strohmann suchen, den die mit dem Amt verbundenen Risiken treffen, während sie im Hintergrund weiter als faktische Geschäftsführer agieren. Insbesondere bei Unternehmen in der Krise ist deshalb für einen unerfahrenen Geschäftsführer äußerste Vorsicht geboten. Auch das familiäre Umfeld der Gesellschafter spielt ggfls. eine Rolle. Vielleicht soll der Fremd-Geschäftsführer nur den Platzhalter spielen, bis ein Familienangehöriger seine Ausbildung abgeschlossen hat. Auch können im Unternehmen mitarbeitende Familienangehörige der Gesellschafter eine Quelle für Auseinandersetzungen zwischen Geschäftsführer und Gesellschaftern sein, die nicht selten damit enden, dass der Geschäftsführer vorzeitig abberufen wird und vor Gericht gegen eine fristlose Kündigung kämpfen muss.

Seit 12.08.2021 gilt für Geschäftsführer*innen § 38 Abs. 3 GmbHG: das Recht auf Mandatspause. Der Geschäftsführung soll für Zeiten, in denen sie wegen eines mutterschutzrechtlichen Beschäftigungsverbots oder auch einer Krankheit, Eltern- oder Pflegezeit den organschaftlichen Pflichten nicht nachkommen kann, das Recht erhalten, um den Widerruf der Bestellung als Geschäftsführer zu ersuchen. Zugleich muss die Wiederbestellung nach Ablauf des Mandatspause zugesichert werden. Damit soll die Geschäftsführung von gesellschaftsrechtlichen Pflichten und den mit der Organstellung verbundenen Haftungsgefahren in bestimmten Lebenssituationen befreit werden, zugleich aber Sicherheit durch einen Anspruch auf Neubestellung erhalten.

2.2.3   Bestellung und Abberufung des Geschäftsführers

Die Bestellung des Geschäftsführers ist ein körperschaftlicher Organisationsakt und erfolgt durch Beschluss der Gesellschafterversammlung. Die Bestellung ist wie auch die Abberufung sofort mit Beschlussfassung wirksam, die Eintragung oder Austragung des Geschäftsführers im Handelsregister ist nur deklaratorisch.

Die Bestellung des Geschäftsführers kann gemäß § 38 Abs. 1 GmbHG jederzeit widerrufen werden. Der Gesellschaftsvertrag kann aber vorsehen, dass eine Abberufung nur aus wichtigem Grund erfolgen darf. Auch im Hinblick auf das Stimmverbot eines geschäftsführenden Gesellschafters kann es sinnvoll sein, eine Abberufung aus wichtigem Grund vorzunehmen, da dieser bei seiner Abberufung aus wichtigem Grund im Gegensatz zur „einfachen" Abberufung nicht mitstimmen darf.

> **Beispiel**
>
> Wichtige Gründe können etwa sein: Zahlung privater Bußgelder aus der Firmenkasse, Verletzung von Buchführungspflichten, Kauf eines PC für den Heimgebrauch, Verletzung des Wettbewerbsverbotes, Missachtung von Weisungen der Gesellschafterversammlung, Privatinsolvenz (streitig). ◄

Der Geschäftsführer kann sein Amt auch durch Erklärung gegenüber allen Gesellschaftern niederlegen. Ausnahmen gelten nur für alleingeschäftsführende Gesellschafter, wenn die GmbH dadurch führungslos wird. Da das Amt auch im Falle der Niederlegung durch den Geschäftsführer mit Zugang dessen Erklärung bei den Gesellschaftern endet, besteht für den Geschäftsführer das Problem, wie er aus dem Handelsregister gelöscht wird. Er selbst könnte mangels Organstellung nach Amtsniederlegung keine Anmeldung mehr zum Handelsregister abgegeben. Deshalb sollte er sein Amt nur unter der aufschiebenden Bedingung des Eingangs der Anmeldung seines Ausscheidens als Geschäftsführer niederlegen, um dies noch selbst beim Handelsregister anmelden zu können.

Legt der Geschäftsführer „zur Unzeit" sein Amt nieder, so macht er sich der Gesellschaft gegenüber unter Umständen schadensersatzpflichtig. Dieses Risiko besteht nicht, wenn die Amtsniederlegung aus wichtigem Grund erfolgt.

2.2.4 Vertretung der Gesellschaft durch den Geschäftsführer

Die Gesellschaft wird gemäß § 35 Abs. 1 GmbHG durch die Geschäftsführer gerichtlich und außergerichtlich vertreten, wobei § 35 Abs. 2 GmbHG für den Fall, dass mehrere Geschäftsführer bestellt sind, grundsätzlich Gesamtvertretung vorsieht. Im Gesellschaftsvertrag sollte deshalb geregelt sein, dass die Gesellschafterversammlung einem Geschäftsführer durch Gesellschafterbeschluss das Recht einräumen kann, die Gesellschaft allein zu vertreten und/oder diesen von der Beschränkung des § 181 BGB (Selbstkontrahierungsverbot) zu befreien. Dies ermöglicht eine flexible Gestaltung der Vertretungsbefugnisse unterschiedlicher Geschäftsführer durch Gesellschafterbeschluss.

2.2.5 Der Geschäftsführerdienstvertrag

Das Dienstverhältnis des Geschäftsführers ist kein Arbeitsverhältnis im Sinne eines sozialen Abhängigkeitsverhältnisses wie bei einem normalen Arbeitnehmer, da der Geschäftsführer auch Arbeitgeberaufgaben wahrnimmt.

Folglich gelten für die Rechtsbeziehung zwischen Geschäftsführer und GmbH die zivilrechtlichen Vorschriften des Dienstvertrages und nicht die arbeitsrechtlichen Bestimmungen. Für ihn gelten nicht die Bestimmungen der Arbeitszeitordnung, des Betriebsverfassungsgesetzes und des Kündigungsschutzgesetzes. Für Streitigkeiten ist nicht das Arbeitsgericht, sondern ein Zivilgericht zuständig.

Der Dienstvertrag eines Geschäftsführers wird zwischen ihm und der Gesellschaft, vertreten durch die Gesellschafterversammlung geschlossen. Folglich kann auch nur diese oder ein von ihr bevollmächtigter Vertreter den Dienstvertrag kündigen. Eine etwaige Kündigung durch einen Mitgeschäftsführer ist wirkungslos.

In dem Geschäftsführervertrag können neben der Vergütung noch weitere Punkte geregelt werden wie Arbeitszeit, Erstattung von Reisekosten und Auslagen, Überlassung eines Firmenwagens, Tantieme, Urlaub, Fortzahlung der Vergütung im Krankheitsfall etc. Aus Sicht der Gesellschafter werden regelmäßig engere Grenzen gewünscht sein, wohingegen es für den Geschäftsführer interessanter sein dürfte, relativ frei in seinen Entscheidungen zu sein.

In diesem Zusammenhang gilt es in jedem Falle aber zu beachten, dass hier je nach Einzelfall sowie vertraglicher Gestaltung, trotz des Umstandes, dass kein Arbeitsverhältnis vorliegt, eine Sozialversicherungspflicht bestehen kann. Die Frage, ob ein Geschäftsführer der Sozialversicherungspflicht unterliegt, also ob für ihn Beiträge zur Kranken-, Renten-, Pflege-, Arbeitslosen- und Unfallversicherung abgeführt werden müssen, lässt sich jedoch nicht einheitlich für alle Geschäftsführer entscheiden. Ein Gesellschafter-Geschäftsführer, dessen Anteil an der GmbH mindestens 50 % oder mehr beträgt, unterliegt grundsätzlich nicht der Sozialversicherungspflicht, weil er Gesellschafterbeschlüsse verhindern kann und deshalb nicht abhängig beschäftigt ist. Weitere Indizien gegen ein sozialversicherungspflichtiges Beschäftigungsverhältnis wäre die Befreiung von den Beschränkungen des § 181 BGB und das Alleinvertretungsrecht.

Ein Gesellschafter-Geschäftsführer, dessen Anteil an der GmbH unter 50 % beträgt, ist in der Regel sozialversicherungspflichtig, es sei denn dieser hat Veto-Rechte und kann Beschlüsse gegen sich verhindern. Entscheidend ist aber die Ausgestaltung der Satzung, Umstände außerhalb des Gesellschaftsvertrages, auch Treuhand-, Pool- oder Stimmbindungsverträge, sind irrelevant.

Ein Fremdgeschäftsführer ohne Beteiligung am Gesellschaftsvermögen unterliegt regelmäßig der Sozialversicherungspflicht. Sozialversicherungspflichtig ist grundsätzlich aber auch der geschäftsführende Minderheitsgesellschafter.

Im Zweifel sollte man unmittelbar nach Gründung ein Statusfeststellungsverfahren bei der Clearingstelle durchführen.

Der Bundesagentur für Arbeit bleibt es unbenommen, einem Gesellschafter-Geschäftsführer das Arbeitslosengeld mit Hinweis auf die nicht bestehende Versicherungspflicht zu verweigern.

Der Dienstvertrag kann befristet oder unbefristet abgeschlossen sein. Ein befristeter Vertrag endet automatisch mit Zeitablauf. Wenn er danach fortgesetzt wird, so gilt er als auf unbefristete Zeit verlängert. Die Abberufung vom Amt des Geschäftsführers bedeutet nicht automatisch die Beendigung des Dienstvertrages. Sinnvoll sind Klauseln im Vertrag, wonach die Abberufung als Kündigung des Dienstvertrages zum nächstmöglichen Zeitpunkt gilt. Soweit nichts anderes bestimmt ist, kann das Dienstverhältnis jederzeit ordentlich gekündigt werden. Für die ordentliche Kündigung gelten die Kündigungsfristen des § 621 BGB und nicht § 622 BGB.

Nach § 626 BGB kann das Dienstverhältnis zudem von jedem Vertragsteil aus wichtigem Grund ohne Einhaltung einer Kündigungsfrist gekündigt werden. Diese außerordentliche Kündigung muss jedoch innerhalb von zwei Wochen ab dem Zeitpunkt erfolgen, in dem der Kündigungsberechtigte, d. h. die Gesellschaft, vertreten durch die Gesellschafterversammlung, von den für die Kündigung maßgebenden Tatsachen Kennt-

nis erlangt. Anders als bei einem Arbeitnehmer bedarf die Kündigung des Geschäfts-
führerdienstvertrages aus verhaltensbedingten Gründen keiner vorherigen Abmahnung.

Ein nachvertragliches Wettbewerbsverbot im Dienstvertrag ist nur wirksam, wenn es
örtlich, zeitlich und inhaltlich begrenzt ist und mit einer Karenzentschädigung für seine
Dauer verbunden ist.

GmbH-Fremdgeschäftsführerinnen und Minderheitsgesellschafter-Geschäftsführerinnen
ohne eingeräumte Sperrminorität fallen in den anhand des europarechtlichen Arbeitnehmer-
begriffs zu bestimmenden persönlichen Anwendungsbereich des Mutterschutzgesetzes und
damit auch unter das Beschäftigungsverbot des § 3 MuSchG. Das Anstellungsverhältnis der
Geschäftsführerin, deren schuldrechtliche Leistungspflichten während des Beschäftigungsverbots der Schwanger- und Mutterschaft ruhen, ist hiervon betroffen.

2.3   Der Aufsichtsrat

Die Gesellschafter können ihre Befugnisse auf einen Aufsichtsrat (auch Beirat genannt)
übertragen.

Dies hat insbesondere bei Gesellschaften mit einer großen Anzahl von Gesellschaftern
den Vorteil, dass nicht ständig Gesellschafterversammlungen abgehalten werden müssen.
Auch bei 50/50 Gesellschaften kann ein Beirat hilfreich sein, um eine wechselseitige
Blockade der Gesellschafter bei Abstimmungen sachlich zu lösen.

Die Bildung eines Aufsichtsrates ist bei den meisten GmbH's gesetzlich nicht geregelt
sondern fakultativ, d. h., die Satzung der Gesellschaft kann einen solchen vorsehen oder
auch nicht. Ob ein Aufsichtsrat zwingend einzurichten ist, richtet sich nach den Vorschriften des Betriebsverfassungsgesetzes und des Mitbestimmungsgesetzes.

Sorgfaltspflichten und andere Grundsätze für den Geschäftsführer

3

Die Geschäftsführer haben gemäß § 43 Abs. 1 GmbHG in den Angelegenheiten der Gesellschaft die Sorgfalt eines ordentlichen Geschäftsmannes anzuwenden.

3.1 Weisungsgebundenheit des Geschäftsführers

Der Geschäftsführer ist gegenüber der Gesellschafterversammlung weisungsgebunden, nicht jedoch gegenüber einzelnen Gesellschaftern oder gar Mitgeschäftsführern. Weitere Reglementierungen ergeben sich aus der Satzung, einer Geschäftsordnung, aus Gesellschafterbeschlüssen und natürlich aus den Vorschriften seines Dienstvertrages. Das Weisungsrecht der Gesellschafterversammlung besteht jederzeit für jeden Sachverhalt ohne Begründungszwang, selbst wenn die Entscheidung dem Geschäftsführer unsinnig erscheint. Etwas anderes gilt ausnahmsweise nur dann, wenn der Geschäftsführer durch Befolgung der Weisung gegen ein gesetzliches Verbot verstoßen oder gar eine strafbare Handlung begehen würde.

> **Beispiel**
>
> A ist Fremdgeschäftsführer der B-GmbH. Die Gesellschafterversammlung der B-GmbH erteilt A die Weisung, Insolvenzantrag zu stellen. A ist überzeugt, dass kein Insolvenzgrund vorliegt. Dennoch muss er die Weisung ausführen oder sein Amt niederlegen.
>
> Anders im umgekehrten Fall:
>
> Die Gesellschafterversammlung der B-GmbH erteilt A die Weisung, keinen Insolvenzantrag zu stellen. A ist überzeugt, dass ein Insolvenzgrund vorliegt. Hier ist die Weisung unbeachtlich, da sich der Geschäftsführer anderenfalls wegen Insolvenzverschleppung strafbar machen würde. ◄

© Springer-Verlag GmbH Deutschland, ein Teil von Springer Nature 2022
A. Sattler et al., *Der Ingenieur als GmbH-Geschäftsführer,*
https://doi.org/10.1007/978-3-662-65836-9_3

Es kann für einen Geschäftsführer dennoch ratsam sein, bei wichtigen Geschäftsführungsmaßnahmen eine Entscheidung der Gesellschafterversammlung herbeizuführen, um sich selbst abzusichern. Weisungsgemäßes Handeln kann nämlich keine Schadensersatzansprüche der Gesellschaft gegen den Geschäftsführer begründen. Eine Strafbarkeit des Geschäftsführers oder eine Haftung gegenüber Dritten kann durch einen Anweisungsbeschluss allerdings nicht ausgeschlossen werden. Insofern bleibt dem Geschäftsführer nur die Verweigerung und gegebenenfalls die Amtsniederlegung.

Die Abgrenzung der Tätigkeiten mehrerer Geschäftsführer (Ressortverteilung) kann in einer Geschäftsordnung geregelt werden. Eine solche Ressortaufteilung hat allerdings nicht zur Folge, dass ein Geschäftsführer sich der Verantwortung für die ihm nicht zugewiesenen Ressorts vollumfänglich entledigen kann. Vielmehr bewirkt eine wirksame Ressortaufteilung, dass sich die Pflichten der Geschäftsführer von Handlungspflichten in Kontroll- und Überwachungspflichten wandeln, was allenfalls zu Haftungserleichterungen des für das jeweilige Ressort nicht zuständigen Geschäftsführers führen kann. Voraussetzung für eine wirksame Ressortaufteilung ist eine klare und eindeutige Verteilung der Geschäftsführungsaufgaben. Zwischen den Geschäftsführern dürfen weder Zweifel über die Abgrenzung der Aufgaben, noch über die jeweils verantwortliche Person bestehen (Gebot der Klarheit und Eindeutigkeit). Die Aufgabenverteilung hat sachgerecht und es muss sichergestellt sein, dass fachlich und persönlich geeignete Personen betraut werden. Im Rahmen der Haftung eines GmbH-Geschäftsführer wegen Verletzung von steuerrechtlichen Pflichten hat der BFH eine den Geschäftsführer exkulpierende Ressortverteilung in Schriftform vorausgesetzt. Nach Ansicht des BGH sei auch eine stillschweigende oder faktische Aufgabenverteilung denkbar. Der Geschäftsführung ist gleichwohl eine schriftliche Fixierung der Aufgabenverteilung anzuraten.

3.2   Nichtübertragbarkeit von Geschäftsführerbefugnissen

Der Geschäftsführer kann die organschaftlichen Befugnisse, die mit dem Amt des Geschäftsführers verbunden sind, nicht vollständig auf Dritte übertragen. Er kann zwar im Einzelfall rechtsgeschäftliche Vollmachten erteilen, aber er haftet bei mangelnder Überwachung für Pflichtverletzungen.

Beispiel

Geschäftsführer A fährt in den Urlaub und beauftragt Prokurist P, während seiner Abwesenheit eine Gesellschafterversammlung einzuberufen. Diese Einladung wäre unwirksam. ◄

3.3   Sorgfaltsmaßstab

Nach § 43 Abs. 1 GmbHG gilt für die Geschäftsführung der GmbH die Sorgfaltspflicht
eines ordentlichen Geschäftsmannes, welcher analog dem Vorstand einer Aktiengesellschaft nach § 93 Abs. 1 AktG fremde Vermögensinteressen, nämlich die der Gesellschaft, wahrzunehmen hat. Damit gelten für den Geschäftsführer einer GmbH schärfere
Anforderungen als sie sonst an einen ordentlichen Geschäftsmann zu stellen sind.
Begründet wird dies durch die Stellung des Geschäftsführers als Treuhänder fremden
Vermögens. In eigenen Angelegenheiten mag jemand weniger sorgfältig sein; er schädigt
nur sich selbst. Wer aber Sorgfaltspflichten gegenüber Dritten übernimmt kann sich nicht
darauf berufen, dass er auch in eigenen Angelegenheiten nicht sorgfältiger handelt.

Oberstes Gebot für eine ordentliche und gewissenhafte Geschäftsführung ist es, im
Rahmen der Rechtsordnung, Satzung und Beschlüssen der Gesellschafterversammlung
den Vorteil der Gesellschaft zu mehren und Schaden von ihr abzuwenden.

Natürlich wird kein Geschäftsführer alle Vorschriften, die für seine Tätigkeit ein-
schlägig sind, im Detail kennen. Allerdings kann er sich bei einer (unbewussten) Verletzung seiner Sorgfaltspflicht nicht darauf berufen, dass er eine relevante Vorschrift
nicht kannte. Unkenntnis schützt nicht vor rechtlichen Konsequenzen, kein Geschäftsführer kann sich darauf berufen, dass er zu jung, zu unerfahren oder doch offensichtlich
ungeeignet sei oder gewesen sei.

Sorgfaltsmaßstab für jeden Geschäftsführer ist die Sicht eines ordentlichen und
gewissenhaften Geschäftsleiters. Eine Pflichtverletzung liegt nicht vor, wenn die
Geschäftsführung bei einer unternehmerischen Entscheidung vernünftigerweise
annehmen durfte, auf der Grundlage angemessener Information zum Wohle der Gesellschaft zu handeln.

Von einem Geschäftsführer wird z. B. erwartet, dass er sich über die wirtschaftliche
Lage seiner Gesellschaft stets vergewissert und in schwierigen Zeiten Überschuldung
und Zahlungs(un)fähigkeit der Gesellschaft fortlaufend prüft. Für die Haftung eines
Geschäftsführers reicht die Erkennbarkeit der Insolvenzreife der Gesellschaft aus, da
sein Verschulden vermutet wird und ihm die Darlegungs- und Beweislast dafür obliegt,
dass er seine Pflicht nicht schuldhaft verletzt hat. Sollte er nicht über ausreichend
persönliche Kenntnisse verfügen, muss er sich extern beraten lassen, wofür jedoch
eine schlichte Anfrage bei einer für fachkundig gehaltenen Person nicht ausreicht. Der
Nachweis mangelnden Verschuldens und damit die Meidung einer eigenen Haftung
erfordert, dass sich der Geschäftsführer unter umfassender Darstellung der Verhältnisse der Gesellschaft und Offenlegung aller Unterlagen von einem für die zu klärenden
Fragen fachlich qualifizierten Berufsträger – i. d. R. Wirtschaftsprüfer, Steuerberater
oder Rechtsanwälten – beraten lässt. Folgt der Geschäftsführer nach eigener Plausibili-
tätskontrolle dessen Rat, so ist eine Haftung regelmäßig ausgeschlossen. Damit haben es
Geschäftsführer nach der höchstrichterlichen Rechtsprechung selbst in der Hand, durch
frühzeitige Beratung Haftungsrisiken auszuschließen.

3.4   Wettbewerbsverbot

Auch wenn im Geschäftsführervertrag nichts geregelt ist, unterliegt jeder Geschäftsführer der GmbH gegenüber seiner Gesellschaft aus seiner Organstellung heraus während seiner Tätigkeit für die Gesellschaft einer umfassenden Treuepflicht und einem Wettbewerbsverbot. Der Geschäftsführer kann vom Wettbewerbsverbot nur durch die Satzung oder einen Gesellschafterbeschluss entbunden werden.

Seine Treuepflicht geht über § 242 BGB deutlich hinaus. Er muss insbesondere immer den Vorteil der Gesellschaft und nie den eigenen Vorteil oder Vorteile nahestehender Personen im Auge haben. Sich bietende Geschäftschancen, auch außerhalb seiner Tätigkeit, wie z. B. im Urlaub, muss er für die Gesellschaft nutzen. Nur und erst dann, wenn die Gesellschaft diese nicht wahrnehmen möchte, kann er sie bei Zustimmung der Gesellschaft durch Gesellschafterbeschluss selbst nutzen.

> **Beispiel**
>
> Dem Geschäftsführer A wird das Grundstück neben dem Betriebsgelände der von ihm vertretenen B-GmbH zum Kauf angeboten. Da es ein Schnäppchen ist, kauft er es selbst im eigenen Namen und nicht für die B-GmbH. Das ist ein klarer Verstoß gegen die Geschäftschancenlehre, wonach Geschäfte für die eigene GmbH zu machen sind.
>

Die Treuepflicht besteht nicht nur für den Zeitraum seiner Bestellung, sondern als nachwirkende Treuepflicht auch nach seiner Abberufung oder seinem Ausscheiden aus der GmbH. Dies bedeutet, dass er keine Geschäfte an sich ziehen darf, die mit seiner Gesellschaft vor seiner Abberufung abgeschlossen wurden.

Der Geschäftsführer kann vom Wettbewerbsverbot nur durch die Satzung oder einen Gesellschafterbeschluss entbunden werden. Wurde der Geschäftsführer nicht vom Wettbewerbsverbot befreit und fällt ihm ein Verstoß zur Last, so kann die GmbH von ihm Schadensersatz verlangen. Weil ein eingetretener Schaden der Höhe nach immer schwierig nachzuweisen ist, wird zumeist gleichzeitig mit dem Wettbewerbsverbot eine Vertragsstrafe vereinbart, die für jeden Fall der Zuwiderhandlung zu bezahlen ist.

3.5   Stellvertretende und faktische Geschäftsführer

Gemäß § 44 GmbHG gelten die für die Geschäftsführer gegebenen Vorschriften auch für Stellvertreter von Geschäftsführern. Eine Eintragung als „stellvertretender Geschäftsführer" in das Handelsregister ist allerdings nicht möglich. Ob also jemand Geschäftsführer, stellvertretender Geschäftsführer, Hauptgeschäftsführer, Sprecher der Geschäftsführung oder Vorsitzender der Geschäftsführung ist, spielt bezüglich der Anwendbarkeit der Vorschriften für Geschäftsführer auf ihn keine Rolle.

Gleiches gilt für den faktischen Geschäftsführer, also den, der nicht als Geschäftsführer bestellt und im Handelsregister eingetragen ist, jedoch tatsächlich die Geschäfte führt. Faktischer Geschäftsführer ist dabei nach der Rechtsprechung des Bundesgerichtshofs, wer nach dem Gesamtbild seines Auftretens die Geschicke der Gesellschaft über die interne Einwirkung auf die Geschäftsführung hinaus durch eigenes Handeln nach außen nachhaltig geprägt und in die Hand genommen hat.

Beispiel

Im Familienunternehmen A-GmbH wird die Unternehmensnachfolge vorbereitet und der 60-jährige Vater als Geschäftsführer abberufen. Stattdessen wird Sohn S zum Geschäftsführer berufen. Aufgrund der Tatsache, dass S in den Augen von A aber „noch nicht so weit ist" führt der abberufene A die Geschäfte faktisch weiter, ohne im Handelsregister eingetragen zu sein. Er steht damit dem eingetragenen Geschäftsführer S gleich. ◄

Das Kapital als Haftungsgrundlage

Nach § 13 Abs. 2 GmbHG haftet für die Verbindlichkeiten der Gesellschaft nur das Gesellschaftsvermögen der GmbH. Die Regeln zur Stammkapitalaufbringung und -erhaltung gelten sowohl bei der Gründung als auch der Stammkapitalerhöhung, sowie bei einer sog. wirtschaftlichen Neugründung (Verwendung eines ruhenden GmbH-Mantels).

4.1 Aufbringung des Stammkapitals

Der Mindestbetrag des Stammkapitals einer GmbH liegt nach wie vor bei 25.000 €. Die ursprünglichen Pläne des Gesetzgebers, dieses auf 10.000 € abzusenken, haben sich durch die Einführung der Unternehmergesellschaft (haftungsbeschränkt) erledigt. Eine beliebig höhere Summe ist indes nach wie vor möglich. Der Nennbetrag jedes Geschäftsanteils muss auf volle Euro lauten. Die Höhe der Nennbeträge der einzelnen Geschäftsanteile kann zwischen 1 € und 25.000 € frei gewählt werden. Die Geschäftsanteile werden in der beim Handelsregister geführten Gesellschafterliste durchnummeriert.

Die Haftungsbeschränkung auf das Vermögen der GmbH setzt voraus, dass das Stammkapital der Gesellschaft bei Eintragung der GmbH in das Handelsregister abzüglich der Gründungskosten vollständig vorhanden ist und hiernach (bilanziell) erhalten wird (Grundsatz der realen Kapitalaufbringung und -erhaltung).

Sacheinlagen müssen zum Zeitpunkt der Eintragung der Gesellschaft ins Handelsregister in voller Höhe zur freien Verfügung der Geschäftsführung vorhanden sein. Bar-Einlagen auf die Geschäftsanteile müssen zumindest zu 1/4, insgesamt aber mindestens die Hälfte des gesamten Stammkapitals zum Zeitpunkt der Anmeldung eingezahlt und bei Eintragung der Gesellschaft ins Handelsregister noch vorhanden sein. Eine Volleinzahlung ist jedoch auch deswegen anzuraten, weil nach Eintragung der GmbH diese Liquidität im ordentlichen Geschäftsbetrieb verwendet werden kann, solange es zu keiner Rückzahlung an die Gesellschafter kommt.

© Springer-Verlag GmbH Deutschland, ein Teil von Springer Nature 2022
A. Sattler et al., *Der Ingenieur als GmbH-Geschäftsführer*,
https://doi.org/10.1007/978-3-662-65836-9_4

4.1.1   Bargründung

Besteht eine Bareinlageverpflichtung, kann der Gesellschafter diese nur durch Einzahlung des Betrages auf ein Konto der Gesellschaft in bar oder Überweisung auf das Konto der GmbH erfüllen. Eine Zahlung an einen Dritten kann nur dann als Erbringung der Einlage angesehen werden, wenn sie auf Anweisung der Geschäftsführung erfolgt. Steht dem Gesellschafter gegen die GmbH eine Forderung zu, so kann er seine Einlageverpflichtung grundsätzlich nicht durch Aufrechnung erfüllen.

> **Beispiel**
>
> A ist als Gesellschafter einer GmbH zur Leistung eines Nennbetrages auf seinen Geschäftsanteil von 20.000 € verpflichtet. 10.000 € zahlte er im Einvernehmen mit der Geschäftsführung an einen Lieferanten der GmbH. In Höhe der restlichen 10.000 € erklärt er die Aufrechnung mit Forderungen, die er gegen die GmbH hat. Letzteres ist unzulässig und seine Einlageverpflichtung auf die Geschäftsanteile insoweit nicht erfüllt. Er muss nochmal zahlen. ◄

Die Gesellschafter können von der Verpflichtung zur Leistung der Einlagen nicht befreit werden. Gesellschafter, die ihrer Einzahlungspflicht auf den Nennbetrag ihres Geschäftsanteils nicht nachkommen, können nach Verstreichen einer Nachfrist von einem Monat allein deswegen durch Verlustigerklärung ihres Geschäftsanteils aus der GmbH ausgeschlossen werden sog. Kaduzierung von Geschäftsanteilen. Wegen eines vom ausgeschlossenen Gesellschafter nicht bezahlten Betrages haftet gegenüber der Gesellschaft der letzte und jeder frühere Inhaber des Geschäftsanteils in den letzten von 5 Jahren als Rechtsvorgänger.

Ein Rückfluss der Bareinlage an Gesellschafter hat nur dann Erfüllungswirkung und befreit Gesellschafter von ihrer Einlageverpflichtung, wenn dies vorher bei Gründung vereinbart und gegenüber dem Registergericht in der Handelsregisteranmeldung durch den Geschäftsführer offen gelegt wurde. Zudem muss der Gesellschaft ein vollwertiger (liquider) Rückgewähranspruch gegen den Gesellschafter zustehen, der jederzeit fällig ist oder durch die Gesellschaft jederzeit ohne Grund fällig gestellt werden kann. Ein solches Hin- und Herzahlens von Bareinlagen i. S. v. § 19 Abs. 5 GmbHG ist jedoch in der mittelständischen Praxis eher ein Exot, weil die Haftungsrisiken für Gesellschafter und Geschäftsführer zu groß sind. Der Geschäftsführer hätte die Pflicht, die Vollwertigkeit des Anspruchs gegen den eigenen Gesellschafter stets gewissenhaft zu kontrollieren und zu dokumentieren. Bei dem geringsten Anzeichen, dass die Vollwertigkeit gefährdet sein oder werden könnte, hat der Geschäftsführer die Forderung einzuziehen. Tut er dies nicht, obwohl er die Kenntnis von der Gefahr hatte oder hätte haben müssen, haftet er für diese persönlich. Gerade für Fremdgeschäftsführer ist daher größte Zurückhaltung und Vorsicht hinsichtlich dieser Option geboten. Allenfalls in Konzernstrukturen mit Cash-Pool kann sich ein Hin- und Herzahlens von Bareinlagen i. S. v. § 19 Abs. 5 GmbHG anbieten.

4.1.2 Sachgründung

Sacheinlagen sind alle nicht durch (Bar-)Zahlung zu bewirkenden Einlagen.

> **Beispiel**
>
> A ist Gesellschafter einer GmbH. Der Nennbetrag seines Geschäftsanteils beläuft sich auf 50.000 €. Im Gesellschaftsvertrag ist vereinbart, dass er die Einlage durch die Übereignung eines Grundstücks zu erbringen hat, damit dieses als Betriebshof genutzt werden kann. ◄

Sacheinlagen müssen im Gesellschaftsvertrag einschließlich ihrer Eigenschaftsbeschreibung festgesetzt und bewertet werden. Tauglich sind dabei alle Wirtschaftsgüter, die übertragbar und bilanzierungsfähig sind, z. B. Produktionsmittel, Grundstücke, Forderungen und Rechte oder auch Handelsgeschäfte. Dienstleistungen der Gesellschafter sind danach nicht sacheinlagefähig. Der Gegenstand der Sacheinlage und der Nennbetrag des Geschäftsanteils, auf den sich die Sacheinlage bezieht, muss im Gesellschaftsvertrag festgehalten werden. Es können zwar auch Sachgesamtheiten wie Unternehmen eingebracht werden, wegen der erforderlichen Einzelübertragung von Gegenständen und Rechten kann in diesen Fällen aber eher ein Vorgehen nach dem Umwandlungsgesetz sinnvoll sein, welches eine partielle Gesamtrechtsnachfolge ermöglicht.

Sacheinlagen müssen der GmbH nach Gründung aber vor Anmeldung zur Eintragung in das Handelsregister in der Weise zur Verfügung gestellt werden, dass sie endgültig zur freien Verfügung der Geschäftsführer stehen. Die Werthaltigkeit der Sacheinlagen ist in einem Sachgründungsbericht darzulegen. Der Sachgründungsbericht muss zeigen, welche Überlegungen zu den angegebenen Werten geführt haben. Soweit die Werte der Überprüfung durch Sachverständige zugänglich sind, verlangen die Registergerichte regelmäßig die Vorlage von Sachverständigengutachten, insbesondere also für Grundstücke, Maschinen, Geräte und Fahrzeuge. Ist Gegenstand der Sacheinlage ein Unternehmen, so sind die Jahresergebnisse der beiden letzten Geschäftsjahre anzugeben (Bilanzvorlage).

Der Sachgründungsbericht muss schriftlich abgefasst und von allen Gründern unterzeichnet werden. Er ist dem Registergericht mit der Anmeldung zur Eintragung der GmbH in das Handelsregister vorzulegen.

Falls der Wert einer Sacheinlage im Zeitpunkt der Anmeldung der GmbH zur Eintragung in das Handelsregister nicht den Nennbetrag des dafür übernommenen Geschäftsanteils erreicht, muss der Gesellschafter in Höhe des Fehlbetrages eine Bareinlage leisten (sog. Differenzhaftung). Dieser Anspruch der Gesellschaft verjährt erst in 10 Jahren seit der Eintragung der GmbH in das Handelsregister. Bewertungsstichtag für Sacheinlagen ist immer der Tag der Anmeldung zur Eintragung beim Handelsregister.

Beispiel

A hat in einer GmbH einen Geschäftsanteil im Nennbetrag von 15.000 € übernommen, zu erbringen durch Einlage eines Transporters, den er erst zuvor erworben
hat. Durch einen Sachverständigen der DEKRA führt A den Nachweis, dass der
Transporter einen Wert von 15.000 € hat. Nach Eintragung der GmbH in das Handelsregister stellt sich jedoch heraus, dass der Transporter ein Unfallfahrzeug und nur
10.000 € wert ist. A muss infolgedessen die Differenz zwischen der vereinbarten Einlage von 15.000 € und dem wahren Wert in Höhe von 10.000 €, mithin 5000 €, an die
Gesellschaft nachzahlen. ◄

4.1.3 Verdeckte Sacheinlage

Gelegentlich versuchen Gesellschafter bei Gründung oder bei Kapitalerhöhungen aufgrund der Besonderheiten eine Sachgründung zu umgehen, insbesondere die Kontrolle
durch das Registergericht und die zusätzlichen Kosten.

Beispiel

A hat ein Ingenieurbüro und will dieses künftig als GmbH fortführen. Nach
Bargründung einer GmbH, Einzahlung des Stammkapitals von 25.000 € und Eintragung ins Handelsregister verkauft er der GmbH sein Ingenieurbüro für 25.000 €. ◄

Eine verdeckte Sacheinlage wird angenommen, wenn zwischen der Erfüllung der Geld-
einlagepflicht und dem mit dem Geld vorgenommenen Geschäft ein zeitlicher und
sachlicher Zusammenhang besteht. Bei der verdeckten Sacheinlage wird – bewusst
oder unbewusst – die geschuldete Bareinlage wirtschaftlich durch einen anderen Vermögensgegenstand ersetzt. Bezeichnend ist, dass die verdeckte Sacheinlage als solche
nicht auf den ersten Blick erkennbar ist. Der Gesellschafter nimmt zunächst, wie es die
Bareinlage erfordert, eine Geldeinzahlung in das Unternehmen vor. Im nächsten Schritt
aber verwendet die GmbH das bei ihr eingezahlte Geld, um von dem einzahlenden
Gesellschafter einen Vermögensgegenstand zu erwerben, das Geld fließt also an den
Gesellschafter zurück.

Es ist das Wesen der verdeckten Sacheinlage, dass durch ein Umsatzgeschäft Vermögensgegenstände auf die GmbH übertragen werden, die genauso gut durch eine Sacheinlage hätten eingebracht werden können.

Die Rechtsfolgen einer verdeckten Sacheinlage sind im Vergleich zu einer im
Gesellschaftsvertrag festgesetzten Sacheinlage nachteilig. Zwar sind die Verträge über
die Sacheinlage und die Rechtshandlungen zu ihrer Ausführung nicht unwirksam.
Jedoch wird der Gesellschafter nicht von seiner Einlageverpflichtung befreit, sodass
keine Erfüllungswirkung eintritt. Bei einer verdeckten Sacheinlage gilt die eigentlich

geschuldete (Bar)Einlage als nicht geleistet. Dies gilt selbst dann, wenn die Sachleistung vollwertig war.

§ 19 Abs. 4 GmbHG sieht lediglich eine sog. Anrechnungslösung vor. Es tritt keine Erfüllung der Bar-Einlageschuld ein, aber die schuld- und sachenrechtlichen Geschäfte über den tatsächlich eingebrachten Gegenstand bleiben wirksam und der tatsächliche Wert der verdeckt eingebrachten Sache zum Zeitpunkt der Anmeldung wird nach Eintragung der Gesellschaft im Handelsregister von Gesetzes wegen auf die (grundsätzlich fortbestehende) Bar-Einlageschuld angerechnet. Die Beweislast für die Werthaltigkeit trägt freilich der Gesellschafter. Da dieser Beweis besonders dann, wenn die Gesellschaft erst viele Jahre nach Erbringung der verdecken Sacheinlage in Insolvenz geht, schwer zu erbringen sein dürfte, ist dem Gesellschafter zur Vermeidung einer nochmaligen Einlagenerbringung zu raten, schon frühzeitig dafür zu sorgen, dass ein Nachweis über den Wert des eingebrachten Gegenstandes vorhanden ist. Daneben kommt eine Ersatzpflicht des Geschäftsführers wegen Falschangaben im Gründungsverfahren in Betracht.

Nach Auffassung des BGH sind verdeckte Sacheinlagen heilbar durch einen satzungsändernden Mehrheitsbeschluss der Gesellschafter, aus dem ersichtlich ist, welcher Gesellschafter seine Geldeinlage in eine Sacheinlage umwandeln will. Diese Satzungsänderung ist beim Handelsregister anzumelden, wobei für die Anmeldung die Vorschriften gelten, die bei einer offenen Sacheinlage bei Gründung einzuhalten sind (Sachgründungsbericht).

Auch das Finanzamt interessiert sich für den Tatbestand der verdeckten Sacheinlage, wenn dadurch im Betriebsvermögen enthaltene stille Reserven aufgelöst werden. Allerdings können ggfls. die Begünstigungen des Umwandlungsteuergesetzes Anwendung finden, wenn die Übernahme zu Buchwerten erfolgt.

4.1.4 Wirtschaftliche Neugründung

Die Verwendung einer alten GmbH ohne Unternehmen oder einer auf Vorrat gegründeten GmbH ist als wirtschaftliche Neugründung anzusehen, da die Gefahr einer Umgehung der Gründungsvorschriften und damit eines wirksamen Gläubigerschutzes besteht.

Bei einer wirtschaftlichen Neugründung sind zur Gewährleistung der Kapitalausstattung der GmbH die Gründungsvorschriften des GmbHG einschließlich der registergerichtlichen Kontrolle entsprechend anzuwenden. Bei der Verwendung des Mantels einer Vorrats-GmbH oder eines anderweitig existierenden GmbH-Mantels ohne Geschäftsbetrieb muss der Geschäftsführer die Mantelverwendung offen legen und wie bei einer Neugründung gegenüber dem Registergericht eine Anmeldeversicherung abgeben, dass Leistungen auf die Geschäftsanteile bewirkt und der Gegenstand der Leistungen sich endgültig in der freien Verfügung der Geschäftsführer befindet. Notfalls muss das Stammkapital neu erbracht werden. Gerade bei der Reaktivierung alter Mäntel kann zur Vermeidung einer Unterbilanz eine über den nominellen Stammkapitalbetrag hinausgehende Einzahlung erforderlich sein, wenn alte Verluste vorhanden sind.

Maßgeblicher Zeitpunkt für die Unterbilanzhaftung ist derjenige der Abgabe der Versicherung gegenüber dem Registergericht, d. h. maßgeblich ist, ob im Zeitpunkt der Handelsregisteranmeldung das Stammkapital wie angegeben vorhanden ist. Wird die wirtschaftliche Neugründung nicht offengelegt, so ist für die Unterbilanzhaftung derjenige Zeitpunkt maßgeblich, zu dem die wirtschaftliche Neugründung entweder durch die Anmeldung der Satzungsänderungen (meist Änderung von Firma und/oder Unternehmensgegenstand) oder durch die Aufnahme der wirtschaftlichen Tätigkeit erstmals nach außen in Erscheinung tritt. Die Gesellschafter trifft die Beweislast dafür, dass eine Unterbilanz zu diesem Zeitpunkt nicht oder nur in geringerem Umfang bestand. Ein später erwerbender Gesellschafter haftet nach § 16 Abs. 2 GmbHG zusätzlich.

4.2   Stammkapitalerhaltung

Von der Gründung bis zur Beendigung bzw. Insolvenz der GmbH ist der Geschäftsführer verpflichtet, das Stammkapital der Gesellschaft (bilanziell) zu sichern und zu erhalten.

Unzulässig sind Auszahlungen an Gesellschafter, die das bilanzielle Stammkapital angreifen und nicht durch einen vollwertigen Gegenleistungs- bzw. Rückgewähranspruch (bilanzielle Betrachtungsweise – Aktivtausch) oder aber durch einen Beherrschungs- oder Gewinnabführungsvertrag nach § 291 Aktiengesetz gedeckt sind.

Um das Stammkapital einer GmbH im Interesse der Gesellschaft und ihrer Gläubiger zu schützen, bestimmt § 30 Abs. 1 GmbHG, dass das zur Erhaltung des Stammkapitals erforderliche Vermögen der Gesellschaft an die Gesellschafter nicht ohne Begründung eines vollwertigen Gegenleistungs- oder Rückgewähranspruchs ausgezahlt werden darf. Diese Bestimmung ist zwingendes Recht, kann also durch den Gesellschaftsvertrag nicht außer Kraft gesetzt werden. Das Auszahlungsverbot richtet sich an den Geschäftsführer der Gesellschaft. Bei Auszahlungen im Sinne des § 30 GmbHG muss es sich nicht unbedingt um Geldleistungen handeln. Andere Wirtschaftsgüter wie Maschinen, Waren oder Forderungen kommen ebenso in Betracht, entscheidend ist die bilanzielle Wirkung.

Obwohl § 30 Abs. 1 GmbHG nur von Zahlungen an die Gesellschafter spricht, also Auszahlungen an Nichtgesellschafter oder Dritte vom Wortlaut nicht erfasst sind, kann das Auszahlungsverbot auch dann eingreifen, wenn die Leistung an einen Dritten oder an eine dem Gesellschafter nahe stehende Person erfolgt und dem Gesellschafter zugute kommt bzw. wenn für Rechnung des Gesellschafters an einen Dritten geleistet oder an einen Treugeber gezahlt wird.

Das Auszahlungsverbot ist nach Satz 3 nicht anzuwenden auf die Rückgewähr eines Gesellschafterdarlehens und Leistungen auf Forderungen aus Rechtshandlungen, die einem Gesellschafterdarlehen wirtschaftlich entsprechen. Allerdings ist die Rückzahlung von Gesellschafterdarlehen bis zu einem Jahr vor einem Insolvenzantrag nach § 135 InsO anfechtbar.

Zahlungen, welche den Vorschriften des § 30 GmbHG zuwider geleistet werden, sind der Gesellschaft vom Gesellschafter zu erstatten. Der Anspruch aus § 31 GmbHG erlischt nicht dadurch, dass das Stammkapital nachträglich auf andere Weise als durch Rückzahlung durch den Gesellschafter wieder aufgefüllt wird. Ein Erlass des Rückforderungsanspruches ist gesetzlich ausgeschlossen.

Das zur Erhaltung des Stammkapitals erforderliche Vermögen der Gesellschaft darf darüber hinaus nicht zur Kreditgewährung an Geschäftsführer, Prokuristen oder andere gesetzliche Vertreter eingesetzt werden, § 43a GmbHG. Das gilt auch, wenn der Rückgewähranspruch der Gesellschaft vollwertig ist. Maßgeblicher Zeitpunkt für die Frage, ob die Darlehensgewährung zu einer Unterbilanz führt, ist derjenige der tatsächlichen Darlehensgewährung. Spätere Veränderungen sind für die bilanzielle Betrachtung nicht zu berücksichtigen, die Gesellschaft ist allerdings gehalten, das Darlehen sofern möglich zu kündigen.

4.3 Nachschusspflicht

Nachschüsse sind Einlagen in Geld, die über die Einlagen auf die übernommenen Geschäftsanteile hinaus zu leisten sind, falls dies in der Satzung vorgesehen ist und die Gesellschafterversammlung einen entsprechenden Beschluss gefasst hat, §§ 26, 27 GmbHG. Die Einzahlung von Nachschüssen hat nach dem Verhältnis der Geschäftsanteile zu erfolgen. Es gilt in besonderem Maße der Gleichbehandlungsgrundsatz.

Nachschusspflichten bei GmbH's sind in der Praxis jedoch eher selten, da statt Nachschüssen auch (freiwillige) Gesellschafterdarlehen gegeben werden können, um einen Liquiditätsbedarf der Gesellschaft zu decken. Werden Nachschüsse gezahlt, so sind diese in die Kapitalrücklage einzustellen (vgl. § 272 HGB) und könnten in Stammkapital umgewandelt werden (Kapitalerhöhung aus Gesellschaftsmitteln). Da hierfür jedoch eine testierte Bilanz erforderlich ist, sollte eine ordentliche Kapitalerhöhung aus Gesellschaftermitteln vorgezogen werden.

Ist die Nachschusspflicht nicht auf einen bestimmten Betrag beschränkt, so hat jeder Gesellschafter, falls er seinen Geschäftsanteil vollständig eingezahlt hat, das Recht, sich von der Zahlung des auf seinen Geschäftsanteil eingeforderten Nachschusses dadurch zu befreien, dass er innerhalb eines Monats nach der Aufforderung zur Einzahlung den Geschäftsanteil der Gesellschaft zur Befriedigung aus demselben zur Verfügung stellt. Kein Gesellschafter kann somit gegen seinen Willen zu Nachschüssen gezwungen werden. Die Gesellschaft hat den Geschäftsanteil dann innerhalb eines Monats nach der Erklärung des Gesellschafters oder der Gesellschaft im Wege öffentlicher Versteigerung verkaufen zu lassen. Eine andere Art des Verkaufs ist nur mit Zustimmung des Gesellschafters zulässig. Ein nach Deckung der Verkaufskosten und des rückständigen Nachschusses verbleibender Erlös gehört dem Gesellschafter.

Die Haftung des Geschäftsführers

Werden Unternehmer gefragt, warum sie sich für die Rechtsform der GmbH oder einer UG (haftungsbeschränkt) entschieden haben, so wird ganz überwiegend die Haftungsbeschränkung als maßgeblicher Grund genannt. Oft wiegen sich Gesellschafter und Geschäftsführer hinsichtlich dieser Haftungsbeschränkung in einer falschen Sicherheit, weil der Gesetzgeber für den Ausschluss einer persönlichen Haftung genaue Spielregeln aufgestellt hat. Ein Geschäftsführer kann trotz der haftungsbeschränkten Rechtsform aus vielerlei Gründen in die persönliche Haftung geraten, da die gesetzlichen Regelungen und die Rechtsprechung besondere Anforderungen an seine Sorgfaltspflichten stellen.

Unternehmerisches Handeln ist risikobehaftet und schließt grundsätzlich auch das Risiko von Fehlbeurteilungen und Fehleinschätzungen ein.

Beispiel

Geschäftsführer G verkauft an die Inkognito GbR Waren auf Rechnung. Vorher hat er weder die Bonität des Unternehmens geprüft, noch hat er eine Anzahlung verlangt. Es kommt zu einem Forderungsausfall. ◄

Führen und Leiten bedeuten letztlich, täglich Entscheidungen für das Unternehmen zu treffen. Diese Entscheidungen müssen sorgfältig vorbereitet sein, auf nachvollziehbaren tatsächlichen Grundlagen beruhen, und stets das Wohl das Unternehmens im Blick haben. Der Geschäftsführer muss die Gesellschaft so organisieren, dass ihm für seine Entscheidung das erforderliche Know-how zur Verfügung steht. Er kann delegieren, muss dann aber den beauftragten Dritten überwachen. Ein technischer Geschäftsführer kann sich nicht ausschließlich auf technische Fragen beschränken, sondern muss auch alle kaufmännischen Grundlagen im Auge haben. Die Pflicht, gesetzliche oder satzungsmäßige Verbote und Gebote einzuhalten, trifft einen Geschäftsführer stets, ohne dass es darauf ankommt, ob er die Verbote und Gebote kennt.

© Springer-Verlag GmbH Deutschland, ein Teil von Springer Nature 2022
A. Sattler et al., *Der Ingenieur als GmbH-Geschäftsführer*,
https://doi.org/10.1007/978-3-662-65836-9_5

Insofern gilt: Unwissenheit schützt nicht vor Strafe und auch nicht vor persönlicher Haftung.

Wenn ein Geschäftsführer die Grenzen des erlaubten Risikos überschreitet, handelt er pflichtwidrig und kann von der GmbH zum Ersatz des daraus entstandenen Schadens herangezogen werden. Problematisch ist dabei oft die Abgrenzung zwischen erlaubtem und pflichtwidrigem Risiko. Als Faustregel gilt, dass je größer das Risiko und der mögliche Schaden sowie je wahrscheinlicher dessen Eintritt ist, desto gründlicher der Geschäftsführer seine Entscheidung vorbereiten muss. Empfehlenswert kann es dabei in Grenzfällen sein, eine Entscheidung der Gesellschafterversammlung einzuholen. Denn die Geschäftsführerhaftung ist im Wesentlichen eine Innenhaftung gegenüber der eigenen Gesellschaft – wenn diese jedoch in Kenntnis aller Tatsachen und Umstände zustimmt, fehlt es an einer Pflichtverletzung des Geschäftsführers.

Besondere Haftungsrisiken bestehen vor allem in der Krise der Gesellschaft.

Die Haftung knüpft an die Organstellung an und gilt unabhängig vom Bestehen eines Anstellungsvertrages selbst für Strohmann-Geschäftsführer und sogar für faktische Geschäftsführer.

Haftungsbegrenzungen wie bei einem Arbeitnehmer für Arbeiten, die durch den Betrieb veranlasst sind und aufgrund eines Arbeitsverhältnisses geleistet werden, greifen zugunsten des Geschäftsführers nicht ein. Ein Arbeitnehmer hätte das Privileg einer abgestuften Haftung dem Grunde nach wie folgt:

- Bei grober Fahrlässigkeit hat ein Arbeitnehmer in aller Regel den gesamten Schaden zu tragen. Grob fahrlässig handelt, wer die im Verkehr erforderliche Sorgfalt im besonders schweren Maße verletzt, obwohl er nach seinen individuellen Fähigkeiten die gebotene Sorgfalt erkennen und wahren konnte.
- Bei leichter Fahrlässigkeit (Abirren der Arbeitsleistung: Sich-Vergreifen, Sich-Vertun) haftet ein Arbeitnehmer dagegen nicht.
- Bei normaler Fahrlässigkeit ist der Schaden zwischen Arbeitnehmer und Arbeitgeber zu quoteln, wobei die Gesamtumstände von Schadensanlass und Schadensfolge nach Billigkeitsgrundsätzen und Zumutbarkeitserwägungen gegeneinander abzuwägen sind. Als nicht abschließende Kriterien hierfür gelten nach der Rechtsprechung:
  - Persönliche Verhältnisse des Arbeitnehmers;
  - die Gefährlichkeit der Arbeit;
  - die Höhe des Schadens;
  - vom Arbeitgeber einkalkuliertes Risiko;
  - vom Arbeitgeber versicherbares Risiko;
  - Stellung des Arbeitnehmers im Betrieb;
  - Höhe des Gehaltes des Arbeitnehmers.

Eine Haftungshöchstgrenze gibt es aber auch für Arbeitnehmer nicht, falls ein Anspruch dem Grunde nach bestehen sollte. Sofern ein Arbeitnehmer in Ausübung betrieblicher Tätigkeit einen Arbeitsunfall verursacht, bei dem Arbeitskollegen zu Schaden kommen, gelten zugunsten des Arbeitnehmers die Haftungsausschlüsse der gesetzlichen Unfallversicherung.

Wichtig und weitgehend unbekannt ist auch, dass die Haftungsprivilegierung nicht angewandt wird bei einem sog. Übernahmeverschulden, d. h., wenn sich der Arbeitnehmer zu einer Arbeit verpflichtet, zu der ihm die nötigen Kenntnisse fehlen.

Diese Haftungsprivilegien für Arbeitnehmer gelten auch für den (angestellten) Geschäftsführer nicht, weil diese keine Arbeitnehmer, sondern Organ der Gesellschaft sind und damit auf Arbeitgeberseite stehen.

Der GmbH-Geschäftsführer als Organ unterliegt damit in der Regel auch nicht dem Schutz der Arbeitsgerichtsbarkeit, sondern unterfällt in seinem Verhältnis zur GmbH dem Rechtsweg zu den ordentlichen Gerichten.

5.1 Haftung gegenüber der Gesellschaft

Anspruchsgrundlagen hierfür sind vor allem § 43 Abs, 2 GmbHG und § 15b Abs. 4 InsO GmbHG.

Diese lauten auszugsweise:
§ 43 Haftung der Geschäftsführer

1. Die Geschäftsführer haben in den Angelegenheiten der Gesellschaft die Sorgfalt eines ordentlichen Geschäftsmannes anzuwenden.
2. Geschäftsführer, welche ihre Obliegenheiten verletzen, haften der Gesellschaft solidarisch für den entstandenen Schaden.
3. Insbesondere sind sie zum Ersatz verpflichtet, wenn den Bestimmungen des § 30 zuwider Zahlungen aus dem zur Erhaltung des Stammkapitals erforderlichen Vermögen der Gesellschaft gemacht oder den Bestimmungen des § 33 zuwider eigene Geschäftsanteile der Gesellschaft erworben worden sind. ...
4. Die Ansprüche aufgrund der vorstehenden Bestimmungen verjähren in fünf Jahren.

§ 15b Insolvenzordnung

(1) Die nach § 15a Absatz 1 Satz 1 antragspflichtigen Mitglieder des Vertretungsorgans und Abwickler einer juristischen Person dürfen nach dem Eintritt der Zahlungsunfähigkeit oder der Überschuldung der juristischen Person keine Zahlungen mehr für diese vornehmen. Dies gilt nicht für Zahlungen, die mit der Sorgfalt eines ordentlichen und gewissenhaften Geschäftsleiters vereinbar sind.
(2) Zahlungen, die im ordnungsgemäßen Geschäftsgang erfolgen, insbesondere solche Zahlungen, die der Aufrechterhaltung des Geschäftsbetriebs dienen, gelten vorbehaltlich des Absatzes 3 als mit der Sorgfalt eines ordentlichen und gewissenhaften Geschäftsleiters vereinbar. ...

(3)   Ist der nach § 15a Absatz 1 Satz 1 und 2 für eine rechtzeitige Antragstellung
       maßgebliche Zeitpunkt verstrichen und hat der Antragspflichtige keinen Antrag
       gestellt, sind Zahlungen in der Regel nicht mit der Sorgfalt eines ordentlichen und
       gewissenhaften Geschäftsleiters vereinbar.

(4)   Werden entgegen Absatz 1 Zahlungen geleistet, sind die Antragspflichtigen
       der juristischen Person zur Erstattung verpflichtet. Ist der Gläubigerschaft der
       juristischen Person ein geringerer Schaden entstanden, beschränkt sich die Ersatz-
       pflicht auf den Ausgleich dieses Schadens. ...

(5)   Absatz 1 Satz 1 und Absatz 4 gelten auch für Zahlungen an Personen, die an
       der juristischen Person beteiligt sind, soweit diese zur Zahlungsunfähigkeit der
       juristischen Person führen mussten, es sei denn, dies war auch bei Beachtung der
       in Absatz 1 Satz 2 bezeichneten Sorgfalt nicht erkennbar. ...

(6)   Die Ansprüche aufgrund der vorstehenden Bestimmungen verjähren in fünf Jahren.
       ...

§ 43 GmbHG umfasst folglich jede Pflichtverletzung, die Geschäftsführer bei der Ausübung ihrer Tätigkeit begehen. Für daraus entstehende Schäden haften die Geschäftsführer der Gesellschaft solidarisch, d. h., jeder von ihnen in voller Höhe.

§ 15b InsO erfasst Zahlungen der Gesellschaft nach Eintritt der Insolvenzreife, um
den Geschäftsführer zur Vermeidung einer persönlichen Haftung und zum Schutz aller
Gläubiger der Gesellschaft zur rechtzeitigen Insolvenzantragstellung anzuhalten. Dabei
können Haftungsrisiken für den Geschäftsführer sogar dadurch entstehen, dass er nach
Eintritt der Insolvenzreife der Gesellschaft Forderungen auf ein debitorisch geführtes
Bankkonto einzieht und der Bank als Einzelgläubiger die Saldierung der Zahlungseingänge ermöglicht.

Eine Haftung nach § 43 GmbHG hat folgende Voraussetzungen:

- eine Pflichtverletzung des Geschäftsführers gegenüber der GmbH, wobei der
  Haftungsmaßstab die Sorgfalt eines ordentlichen Geschäftsmannes ist, d. h.:
  – Beachtung der gesetzlichen Gebote und Verbote,
  – Beachtung der internen Kompetenzregelungen,
  – Pflicht zur kooperativen Zusammenarbeit,
  – Pflicht zur Treue, Loyalität und Verschwiegenheit,
  – Förderung der Interessen der Gesellschaft,
  – Pflicht zur sorgfältigen Unternehmensleitung.
- ein kausaler Schaden der Gesellschaft infolge der Pflichtverletzung;
- ein schuldhaftes Handeln des Geschäftsführers, d. h. vorsätzliches oder fahrlässiges
  Handeln.

Der Geschäftsführer ist zur Unternehmensleitung berufen. § 43 GmbHG verbietet nicht
das Eingehen von geschäftlichen Risiken, da mit solchen regelmäßig auch Chancen verbunden sind. Die Verpflichtung zur Sorgfalt eines ordentlichen Geschäftsmannes erlaubt

daher, diese einzugehen, allerdings immer nach sorgfältiger Abwägung und nicht ohne sachliche Gründe. Es muss jedoch immer gewährleistet sein, dass sich das Geschäft im Zeitpunkt seiner Vornahme für die GmbH als vorteilhaft darstellt.

Dabei befindet sich der GmbH-Geschäftsführer stets im Spannungsfeld seiner Eigenverantwortlichkeit und der Weisungsgebundenheit gegenüber der Gesellschafterversammlung. Letztlich ist er es aber, welcher eine Entscheidung vorbereitet und diese Vorbereitung auch dokumentieren sollte, damit er sich im Ernstfall einer Haftungsinanspruchnahme auch exkulpieren kann. Geschäftsführer tragen insofern aufgrund ihres Informationsvorsprunges im Zeitpunkt der Entscheidung stets die Beweislast.

Haftungsgefahren gegenüber der eigenen Gesellschaft ergeben sich nicht nur bei Sorgfaltsverstößen im Rahmen der Führung des operativen Geschäfts. Auch und gerade in Bezug auf die Pflichten zur realen Aufbringung und Erhaltung des Stammkapitals droht eine persönliche Haftung. Bei Verstoß gegen das Auszahlungsverbot des § 30 Abs. 1 Satz 1 GmbHG ist der Geschäftsführer einer GmbH neben dem Gesellschafter zum Ersatz verpflichtet. Wann ihn eine Haftung trifft, lässt sich am einfachsten anhand einer Checkliste beantworten. Lässt sich eine der gestellten Fragen mit Nein beantworten, darf der Geschäftsführer die Zahlung vornehmen. Lassen sich allerdings alle Fragen mit Ja beantworten, so ist die Auszahlung unzulässig.

1. Ist der Empfänger der Zahlung ein Gesellschafter oder kommt die Zahlung einem Gesellschafter mittelbar zugute?
2. Ist die Zahlung durch das Gesellschafterverhältnis begründet?
3. Erfolgt die Zahlung ohne Erhalt einer gleichwertigen Gegenleistung?
4. Führt die Zahlung zu einer Unterbilanz der Gesellschaft?

Bei einer verdeckten Sacheinlage besteht für den Geschäftsführer einer GmbH das Risiko, wegen fehlerhafter Angaben gemäß § 9a GmbHG zu haften. Da die Anrechnung des Wertes des (verdeckt) eingebrachten Sachgegenstandes nicht vor Eintragung in das Handelsregister erfolgt, darf der Geschäftsführer bei der Anmeldung auch nicht die erforderliche Versicherung abgeben, dass die Leistungen auf die Geschäftsanteile bewirkt sind und sich der Gegenstand der Leistungen endgültig in der freien Verfügung der Geschäftsführer befindet. Wird diese Versicherung dennoch abgegeben, so setzt sich der Geschäftsführer auch der Gefahr strafrechtlicher Verfolgung aus.

In der Krise der Gesellschaft steigt die Gefahr einer persönlichen Haftung des Geschäftsführers. Diese Haftung wurde durch die zum 1. Januar 2021 eingetretene Neuausrichtung der Geschäftsführerhaftung, welche sich nunmehr in den §§ 15a und 15b der Insolvenzordnung (InsO) befindet, noch einmal verschärft.

Nach dem Eintritt der Zahlungsunfähigkeit oder der Überschuldung darf der Geschäftsführer keine Zahlungen mehr für seine Gesellschaft vornehmen, anderenfalls er persönlich für alle diese Zahlungen haftet. Ausgenommen hiervon sind nur solche Zahlungen, die mit der Sorgfalt eines ordentlichen und gewissenhaften Geschäftsmannes vereinbar sind. Zahlungen, die im ordnungsgemäßen Geschäftsgang erfolgen, insbesondere solche Zahlungen, die der Aufrechterhaltung des Geschäftsbetriebs dienen, gelten als mit der Sorgfalt eines ordentlichen und gewissenhaften Geschäftsleiters vereinbar, allerdings im Rahmen des für eine rechtzeitige Antragstellung maßgeblichen Zeitraums (spätestens 3 Wochen bei Zahlungsunfähigkeit/6 Wochen bei Überschuldung) nur, solange durch den Geschäftsführer Maßnahmen zur nachhaltigen Beseitigung der Insolvenzreife oder zur Vorbereitung eines Insolvenzantrags mit der Sorgfalt eines ordentlichen und gewissenhaften Geschäftsleiters betrieben werden. Im Gegensatz zum vor dem 1. Januar 2021 für solche Fälle geltenden § 64 GmbHG gibt es keine Privilegierung des Geschäftsführers mehr für Zahlungen von Arbeitnehmerbeiträgen zur Sozialversicherung und für die Zahlung von fälligen Steuern.

Ist der nach § 15a Absatz 1 InsO für eine rechtzeitige Insolvenzantragstellung maßgebliche Zeitpunkt verstrichen und hat der Geschäftsführer keinen Antrag gestellt, sind Zahlungen in der Regel nicht mit der Sorgfalt eines ordentlichen und gewissenhaften Geschäftsleiters vereinbar.

Der Geschäftsführer haftet nach § 15b Abs. 5 Satz 1 InsO auch für Zahlungen an Gesellschafter, die zwar vor Insolvenzreife der Gesellschaft erfolgten, aber zur Zahlungsunfähigkeit der Gesellschaft führen mussten (Insolvenzverursachungshaftung), es sei denn, dies war bei Beachtung der Sorgfalt eines ordentlichen und gewissenhaften Geschäftsleiters nicht erkennbar. Erforderlich ist danach ein Ursächlichkeitszusammenhang zwischen der Zahlung und dem Eintritt der Zahlungsunfähigkeit, wobei zwischen beiden Ereignissen durchaus eine gewisse Zeitspanne liegen kann. Der spätere Eintritt der Zahlungsunfähigkeit wird sich freilich in den seltensten Fällen auf eine einzelne Zahlung zurückführen lassen. Nach Sinn und Zweck der Norm dürfte es deshalb ausreichen, wenn die Zahlung einen wesentlichen Beitrag zum späteren Eintritt der Zahlungsunfähigkeit leistet. Die Einzelheiten dieses Zurechnungszusammenhanges sind in der Rechtsprechung bislang ungeklärt. In einer Entscheidung aus dem Jahr 2012 hat der Bundesgerichtshof Geschäftsführern allerdings den Rücken dahingehend gestärkt, dass er ein Leistungsverweigerungsrecht des Geschäftsführers gegenüber einem Gesellschafter anerkannt hat. Ergibt eine Prognose, dass die vom Gesellschafter begehrte Zahlung zur Zahlungsunfähigkeit der Gesellschaft führen wird, so darf diese vom Geschäftsführer verweigert werden. Damit ist zugleich der Sorgfaltsmaßstab für den Geschäftsführer konkretisiert: vor einer Zahlung an Gesellschafter sollte er stets eine Prognose über den künftigen Liquiditätsstatus der Gesellschaft anstellen (und für später dokumentieren).

Schließlich ist der Geschäftsführer auch dafür verantwortlich, dass die Gesellschafterliste beim Handelsregister immer aktuell ist. Er haftet wegen einer schuldhaft falschen Liste gegenüber Gesellschaftsgläubigern, aber auch gegenüber „denjenigen, dessen Beteiligung sich geändert hat" (Veräußerer/Erwerber/gutgläubige Erwerber).

5.2 Haftung gegenüber den Gesellschaftern

Der Geschäftsführer ist nur der GmbH gegenüber zur Sorgfalt eines ordentlichen Geschäftsmannes verpflichtet. Gegenüber den Gesellschaftern hat er keine organschaftliche Pflicht. Im Grundsatz haftet der Geschäftsführer den Gesellschaftern nur nach den allgemeinen Regeln wie unter fremden Dritten.

Hiervon zu unterscheiden ist die Frage, ob ein Gesellschafter ausnahmsweise das Recht hat, einen Ersatzanspruch der GmbH gegenüber dem Geschäftsführer im eigenen Namen aber praktisch stellvertretend für die Gesellschaft geltend zu machen (sog. actio pro socio). Diese ist jedenfalls dann zulässig, wenn eine Mehrheit der anderen Gesellschafter den Geschäftsführer unter Verletzung ihrer gesellschaftsrechtlichen Treuepflichten deckt und dessen Inanspruchnahme ablehnt.

Vertragliche Ansprüche der Gesellschafter gegen den Geschäftsführer kommen nicht in Betracht, da dessen Dienstvertrag ja zwischen der Gesellschaft und dem Geschäftsführer geschlossen ist.

5.3 Haftung gegenüber Dritten

Die §§ 43 GmbHG und § 15b InsO begründen nur eine Haftung gegenüber der Gesellschaft, nicht aber gegenüber Dritten.

Allerdings gibt es andere Anspruchsgrundlagen, die eine direkte Inanspruchnahme der Person des Geschäftsführers durch Dritte ermöglichen.

Neu ist beispielsweise eine Haftung nach § 43a des zum 01.01.2021 in Kraft getretenen Gesetzes über den Stabilisierungs- und Restrukturierungsrahmen für Unternehmen (Unternehmensstabilisierung- und -restrukturierungsgesetz – StaRUG). Hat der Geschäftsführer eine Restrukturierungssache gerichtlich anhängig gemacht und unterlässt er die Anzeige, dass trotz der Sanierungsbemühungen die Pflicht zur Stellung eines Insolvenzantrages eingetreten ist, haftet er den betroffenen Gläubigern auf Schadensersatz.

5.3.1 Produktverantwortung

Der Geschäftsführer hat im Rahmen seiner Aufsichtspflicht darauf zu achten, dass die von der Gesellschaft angebotenen und in den Verkehr gebrachten Waren, Produkte und Dienstleistungen einwandfrei sind. Der Geschäftsführer trägt die Verantwortung dafür, dass die Verbraucher bei Produktmängeln gewarnt werden und mangelhafte Produkte durch Rückrufaktionen unverzüglich vom Markt entfernt werden. Verletzt der Geschäftsführer diese Pflichten, so ist er sowohl der GmbH als auch Dritten gegenüber haftbar. Treten bei Dritten körperliche oder gesundheitliche Schäden auf, können ferner strafrechtlichen Konsequenzen drohen, insbesondere wenn durch Fahrlässigkeit die Gesundheit eines anderen beschädigt wurde.

Beispiel (Lederspray-Fall)

Der Chefchemiker einer GmbH hatte ein Spray zur Reinigung und Pflege von Kleidungsstücken und Möbeln aus Leder entwickelt. Nach einiger Zeit des erfolgreichen Vertriebes erhielt er Nachricht über bei Benutzung des Sprays auftretende Übelkeit. Er unternahm nichts. Einige Zeit später erhielt auch der Geschäftsführer entsprechende Nachrichten. Es fand alsdann eine Sondersitzung der Geschäftsführung statt. Einziger Tagesordnungspunkt waren die bekannt gewordenen Schadensfälle. Teilnehmer waren sämtliche Geschäftsführer und der Chefchemiker. Dieser wies daraufhin, dass nach den bisherigen Untersuchungen kein Anhalt für toxische Eigenschaften und damit für eine Gefährlichkeit des Sprays gegeben sei, weshalb keine Veranlassung zu einem Rückruf dieses Produktes bestehe. Er schlug vor, eine externe Institution mit weiteren Untersuchungen zu beauftragen, außerdem Warnhinweise auf allen Spraydosen anzubringen und bereits vorhandene Hinweise gegebenenfalls zu verbessern. Diesem Vorschlag schloss sich die Geschäftsführung an. In der Folgezeit kam es zu weiteren Gesundheitsschäden. Der BGH entschied wie folgt:

Wer als Hersteller oder Vertriebshändler Produkte in den Verkehr bringt, die derart beschaffen sind, dass deren bestimmungsgemäße Verwendung für die Verbraucher – entgegen ihren berechtigten Erwartungen – die Gefahr des Eintritts gesundheitlicher Schäden begründet, ist zur Schadensabwehr verpflichtet (Garantenstellung aus vorausgegangenem Gefährdungsverhalten). Kommt er dieser Pflicht schuldhaft nicht nach, so haftet er für die dadurch verursachten Schäden strafrechtlich unter dem Gesichtspunkt der durch Unterlassung begangenen Körperverletzung. Aus der Garantenstellung des Herstellers oder Vertriebshändlers ergibt sich die Verpflichtung zum Rückruf bereits in den Handel gelangter gesundheitsgefährdender Produkte. Haben in einer GmbH mehrere Geschäftsführer gemeinsam über die Anordnung des Rückrufes zu entscheiden, so ist jeder Geschäftsführer verpflichtet, alles ihm Mögliche und Zumutbare zu tun, um diese Entscheidung herbeizuführen. Beschließen die Geschäftsführer einer GmbH einstimmig, den gebotenen Rückruf zu unterlassen, so haften sie für die Schadensfolgen der Unterlassung als Mittäter. ◄

Neben der strafrechtlichen Verurteilung der Geschäftsführer konnte der Geschädigte also für seinen Schadensersatzanspruch drei Schuldner als Gesamtschuldner in Anspruch nehmen, den Chemiker, jeden Geschäftsführer persönlich sowie die Gesellschaft, die nach § 31 BGB analog für ihre Organe haftet.

5.3.2   Haftung aus unerlaubter Handlung

Eine Haftung des Geschäftsführers gegenüber jedermann kann sich aus der Verletzung absoluter Rechte Dritter ergeben. So haftet der Geschäftsführer z. B. nach den Regelungen des Wettbewerbs-, Marken- und Urheberrechts bei Verletzung eines fremden Immaterialgüterrechts persönlich gegenüber dem Verletzten.

Eine Haftung droht bereits bei Fahrlässigkeit.

Beispiel (Baustoffhändlerfall)

Ein Bauunternehmen hatte bei einem Lieferanten unter verlängertem Eigentumsvorbehalt Eisenträger gekauft (verlängerter Eigentumsvorbehalt = Vorausabtretung von Werklohn). In dem für die Stadt Köln durchgeführten Bauvorhaben war jedoch vertraglich die Abtretung des Werklohnes ausdrücklich ausgeschlossen worden. Dennoch wurden die Eisenträger der genannten Lieferung in diesem Bauvorhaben verbaut, anschließend fiel die GmbH des später in Anspruch genommenen Geschäftsführers in Konkurs. Der Baustoffhändler hatte den GmbH-Geschäftsführer persönlich wegen Ausfalls seines Anspruchs in Höhe von 190.935,99 € in Anspruch genommen. Es war unstreitig, dass der Geschäftsführer weder den Vertrag mit dem Baustoffhändler, in dessen allgemeinen Geschäftsbedingungen der Eigentumsvorbehalt enthalten war noch den Vertrag mit der Stadt Köln über die Erstellung des Bauwerkes persönlich geschlossen hatte. Dies hat ihm nicht geholfen.

Der BGH ließ den Geschäftsführer auf Schadensersatz nach § 823 Abs. 1 BGB haften, weil er fahrlässig das Eigentum des Baustoffgroßhändlers verletzt habe. Der BGH stellte fest, dass die von der GmbH zum Schutze absoluter Rechtsgüter zu beachtenden Pflichten auch ihren Geschäftsführer in einer Garantenstellung aus den ihm übertragenen organisatorischen Aufgaben betreffen und bei der Verletzung dieser Pflichten seine deliktische Eigenhaftung auslösen können. ◄

5.3.3   Haftung gegenüber Sozialversicherungsträgern

Unter den Haftungstatbestand der unerlaubten Handlungen des § 823 BGB fallen auch Pflichtverletzungen in Zusammenhang mit der Anmeldung und Abführung von Sozialversicherungsbeiträgen.

Der Geschäftsführer wird insofern als Arbeitgeber angesehen.

Führt der Geschäftsführer die Arbeitnehmeranteile zur Sozialversicherung nicht rechtzeitig, gar nicht oder nicht in voller Höhe ab, obwohl er hierzu in der Lage wäre, verwirklicht er einen Straftatbestand und haftet den Sozialversicherungsträgern gegenüber persönlich mit seinem gesamten Privatvermögen.

Die Ansprüche der Sozialversicherungsträger nehmen dann – weil deren Nicht-abführung nur vorsätzlich begangen werden kann – noch nicht einmal an einer Rest-schuldbefreiung teil.

Beispiel

Aufgrund der schlechten wirtschaftlichen Situation der GmbH zahlt der Geschäfts-führer den Arbeitnehmern mit deren Einverständnis nur 50 % Gehalt und überweist keine Sozialversicherungsbeiträge. ◄

Unterlässt der Geschäftsführer die Abführung der Sozialversicherungsbeiträge, obwohl ihm eine (anteilige) Zahlung möglich wäre, droht ihm eine Freiheitsstrafe von bis zu fünf Jahren oder Geldstrafe. Seit 1. August 2004 macht sich nach dem Gesetz zur Bekämpfung der Schwarzarbeit und der damit zusammenhängenden Steuerhinterziehung auch strafbar, wer den Arbeitgeberanteil am Gesamtsozialversicherungsbeitrag nicht an die zuständige Einzugsstelle abführt. Voraussetzung für eine Strafbarkeit wegen des Arbeitgeberanteils ist, dass der Arbeitgeber der Einzugsstelle gegenüber unrichtige oder unvollständige Angaben über sozialversicherungsrechtlich relevante Tatsachen macht oder die Einzugsstelle pflichtwidrig über sozialversicherungsrechtlich erhebliche Tat-sachen in Unkenntnis lässt, insbesondere eine Tätigkeit nicht meldet.

Die Abführungspflicht der Sozialversicherungsbeiträge besteht unabhängig davon, ob tatsächlich Lohn an die Arbeitnehmer ausgezahlt wird.

Sozialversicherungsbeiträge werden am drittletzten Bankarbeitstag des Monats fällig, in dem die beitragspflichtige Tätigkeit ausgeübt wird.

5.3.4   Rechtsscheinhaftung und Verschulden bei Vertragsschluss

Grundsätzlich schließt der Geschäftsführer Verträge im Namen der Gesellschaft, sodass Ansprüche aus dem Vertragsverhältnis auch nur gegenüber der Gesellschaft bestehen.

Beispiel

Geschäftsführer G bestellt für die GmbH Waren per E-Mail und vergisst bei der Bestellung, seine E-Mail-Signatur mit den Angaben zur Gesellschaft anzuhängen. Die E-Mail endet nur mit seinem Namen, ohne auf die GmbH als Vertragspartner hinzu-weisen. ◄

Ist für einen Vertragspartner nicht ersichtlich, dass er den Vertrag mit einer GmbH geschlossen hat, muss der Geschäftsführer im Zweifel für die Erfüllung des Vertrages persönlich einstehen.

Der Geschäftsführer haftet persönlich unter dem Gesichtspunkt der Rechtsschein-haftung, wenn er im Rechtsverkehr z. B. durch Weglassen des Rechtsformzusatzes

GmbH nicht deutlich macht, dass er für eine Gesellschaft mit beschränkter Haftung handelt, sondern den Eindruck erweckt, er selbst sei allein oder zusammen mit anderen der persönlich haftende Unternehmensbetreiber. Die gleichen Grundsätze sind anwendbar, wenn der Geschäftsführer einer UG (haftungsbeschränkt) im geschäftlichen Verkehr den Eindruck erweckt, dass der Vertragsschluss mit einer GmbH zustande kommt. Der Geschäftsführer haftet dem Vertragspartner nach einem Urteil des BGH in diesem Fall persönlich für die Differenz zwischen dem Mindeststammkapital einer GmbH in Höhe von 25.000 EUR und dem tatsächlichen Stammkapital der UG (haftungsbeschränkt).

Eine Haftung des GmbH-Geschäftsführers kommt darüber hinaus nach dem anerkannten Rechtsinstitut des „Verschulden bei Vertragsabschluss" (lateinisch: culpa in contrahendo) in Betracht. Dieses Rechtsinstitut ist in § 311 Abs. 2 Nr. 1 BGB geregelt.

Insbesondere haftet der Geschäftsführer persönlich, wenn er die Vertragsverhandlungen selbst führt oder maßgeblich beeinflusst und beim Geschäftspartner der GmbH ein besonderes persönliches Vertrauen in Anspruch nimmt, dass über das normale Verhandlungsvertrauen hinaus geht und er dieses Vertrauen verletzt (sog. Persönliches „Starksagen" für die Erfüllung eines Vertrages durch den Geschäftsführer).

Darüber hinaus ist ein Haftungstatbestand aus Verschulden bei Vertragsabschluss auch bei wirtschaftlichem Eigeninteresse anerkannt, d. h., wenn der Geschäftsführer gleichsam in eigener Sache handelt. Haftungsbegründend sei es dann, wenn der Geschäftsführer dem Verhandlungsgegenstand besonders nahesteht, weil er wirtschaftlich selbst stark an dem Vertragsabschluss interessiert ist und aus dem Geschäft eigenen Nutzen erstrebt. Ein eigenes wirtschaftliches Interesse ist in folgenden drei Fallgestaltungen bejaht worden:

- der Geschäftsführer hat sich für die Gesellschaftsverbindlichkeiten persönlich verbürgt oder wesentliche Kreditsicherheiten gewährt;
- die Tätigkeit des Geschäftsführers zielt auf die Beseitigung von Schäden ab, für die er anderenfalls von der Gesellschaft in Anspruch genommen werden kann;
- der Geschäftsführer hat schon bei Abschluss des Vertrages die Absicht, die von den Vertragspartnern zu erbringenden Leistungen nicht ordnungsgemäß an die Gesellschaft weiterzuleiten, sondern sie zum eigenen Nutzen zu verwenden.

5.3.5 Haftung gegenüber dem Finanzamt

Der Geschäftsführer ist dafür verantwortlich, dass die GmbH ihren öffentlich-rechtlichen Steuerpflichten, § 34 Abgabenordnung (AO).

Dies betrifft sowohl die fristgerechte Anfertigung und Abgabe von Steuererklärung und -anmeldungen, aber auch die pünktliche Zahlung fälliger Steuern. Werden vorsätzlich falsche Angaben gemacht, droht neben der zivilrechtlichen Haftung die Strafbarkeit wegen Steuerhinterziehung, bei fahrlässig falschen oder unterlassenen Angaben droht Haftung und Bußgeld wegen Steuerverkürzung bzw. -gefährdung.

Nach § 69 AO haftet der Geschäftsführer persönlich, soweit Ansprüche aus dem Steuerschuldverhältnis infolge vorsätzlicher oder grob fahrlässiger Verletzung seiner Pflichten nicht oder nicht rechtzeitig festgesetzt werden. Seine Haftung umfasst auch Säumniszuschläge. Insbesondere Lohn- und Umsatzsteuersteuerhaftung sind streng ausgeprägt, da diese Steuerarten für den als Arbeitgeber anzusehenden Geschäftsführer wirtschaftlich wie Fremdgeld sind.

Neben der Pflicht zur fristgerechten Abführung der Steuern enthalten die AO und das EStG zahlreiche weitere Obliegenheiten des Geschäftsführers gegenüber den Finanzbehörden:

- Einbehalt der Lohnsteuer (§ 38 Abs. 3 EStG),
- Führung des Lohnkontos (§ 41 EStG),
- Anmeldung und Abführung der Lohnsteuer (§ 41a EStG),
- Führen der Bücher und Aufzeichnungen (§§ 140–148 AO),
- Erteilung von Auskünften (§ 93 AO),
- Abgabe der Steuererklärungen (§§ 149–153 AO),
- Mitteilungen und Anzeigepflichten (§§ 137–139 AO).

Auch wenn der Geschäftsführer diese Aufgaben delegiert, muss er darauf achten, wen er damit beauftragt (Auswahl) und die Erfüllung zumindest stichprobenartig zu prüfen (Überwachung). Die Einschaltung eines zuverlässigen Steuerberaters kann den Geschäftsführer dann entlasten. Kein Geschäftsführer muss schlauer sein, als sein Steuerberater. Wurde z. B. die Lohnsteuer falsch berechnet und infolge dessen zu niedrig einbehalten, so kann der Geschäftsführer der GmbH nur dann haftbar gemacht werden, wenn ihn ein wesentliches Verschulden daran trifft. Hat der Steuerberater der GmbH die Lohnsteuer zu niedrig berechnet, so braucht der Geschäftsführer dafür nicht einzustehen.

Im Rahmen einer Haftungsprüfung nach § 69 AO muss sich der Geschäftsführer ein Verschulden des von ihm beauftragten Steuerberaters der GmbH bei der Fertigung von Steuererklärungen nicht analog § 278 BGB zurechnen lassen. Ein haftungsbegründendes grob fahrlässiges Verhalten des Geschäftsführers im Sinne von § 69 AO liegt bei der Abgabe fehlerhafter Steuererklärungen dann nicht vor, wenn der Geschäftsführer unter Berücksichtigung der Umstände des Einzelfalls keine Veranlassung hatte, die vom Steuerberater der GmbH erstellten Steuererklärungen auf deren inhaltliche Richtigkeit zu prüfen. Dem Geschäftsführer einer GmbH als Haftungsschuldner kann ein Verschulden des steuerlichen Beraters der GmbH bei der Fertigung von Steuererklärungen nicht zugerechnet werden. Trifft ihn persönlich kein Auswahl- oder Überwachungsverschulden und hat er keinen Anlass, die inhaltliche Richtigkeit der von dem steuerlichen Berater gefertigten Steuererklärung der GmbH zu prüfen, so haftet er nicht für Steuerverkürzungen, die auf fehlerhaften Steuererklärungen beruhen.

5.4 Geschäftsführerhaftung im Konzern

Anders als das Aktiengesetz enthält das GmbH-Gesetz keine Vorschriften zum Konzernrecht. Die insoweit bestehende Lücke wird dadurch ausgefüllt, dass einzelne Vorschriften des Aktiengesetzes unmittelbar oder analog auf verbundene Gesellschaften mit beschränkter Haftung angewandt werden.

Dies gilt jedoch nicht uneingeschränkt. Während bei der Aktiengesellschaft eine strenge Trennung zwischen Geschäftsführung durch den Vorstand einerseits und Überwachung durch den Aufsichtsrat andererseits besteht und die Anteilsinhaber (Aktionäre) außerhalb der Hauptversammlung wenig Einfluss haben, ist die Struktur der GmbH eine andere. Die Gesellschafterversammlung – im Falle einer Einmanngesellschaft der Alleingesellschafter – ist gegenüber dem Geschäftsführer weisungsbefugt und der Geschäftsführer ist spiegelbildlich hierzu weisungsgebunden. Der Vorstand einer Aktiengesellschaft muss sich nur bei Vorliegen entsprechender Bestimmungen die Zustimmung des Aufsichtsrats zu wichtigen Geschäften einholen und Bericht erstatten, ist jedoch keinen Einzelweisungen unterworfen.

Gleichwohl neigt die Rechtsprechung im Einzelfall dazu, die im Aktienrecht bestehenden Grundsätze der Konzernhaftung auch für die GmbH anzuwenden.

Zur Feststellung, ob ein Konzern vorliegt, knüpft das Aktienrecht an den Begriff des Unternehmensvertrages an. § 291 AktG definiert den Begriff „Unternehmensvertrag" als Sammelbezeichnung für Beherrschungs-, Gewinnabführungs-, Geschäftsführungs- sowie Gewinngemeinschafts-, Teilgewinnabführungs-, Betriebspacht- und Betriebsüberlassungsvertrag.

Die herrschende Gesellschaft muss dabei nicht zwangsläufig eine Aktiengesellschaft sein. Der Beherrschungsvertrag ist ein Vertrag, durch den eine Aktiengesellschaft die Leitung ihrer Gesellschaft einem anderen Unternehmen unterstellt. Ein Gewinnabführungsvertrag ist ein Vertrag, in dem sich eine Aktiengesellschaft verpflichtet, ihren ganzen Gewinn an ein anderes Unternehmen abzuführen.

Leistungen einer Untergesellschaft aufgrund eines Beherrschungs- oder Gewinnabführungsvertrages gelten nicht als Verstoß gegen Kapitalerhaltungsvorschriften. Soweit und solange ein Beherrschungsvertrag existiert und unabhängig davon, ob andere vertragliche Vereinbarungen, z. B. Gewinnabführungsverträge, existieren, gilt nach § 308 Abs. 1 AktG, dass das herrschende Unternehmen berechtigt ist, dem Vorstand der beherrschten Gesellschaft hinsichtlich der Leitung der Gesellschaft Weisungen zu erteilen. Vom Inhalt des Beherrschungsvertrages hängt es ab, ob auch solche Weisungen erteilt werden können, die für die Gesellschaft nachteilig sind, wenn sie den Belangen des herrschenden Unternehmens oder der mit ihm oder der Gesellschaft konzernverbundenen Unternehmen dienen. Enthält der Beherrschungsvertrag keine Regelung, können auch derartig nachteilige Weisungen erteilt werden.

Mit dem Weisungsrecht korrespondiert die Folgepflicht des Vorstandes der beherrschten Gesellschaft, die Weisungen des herrschenden Unternehmens zu befolgen.

Er ist nicht berechtigt, die Befolgung einer Weisung zu verweigern, weil sie nach seiner Ansicht nicht den Belangen des herrschenden Unternehmens oder der mit ihm oder der Gesellschaft konzernverbundenen Unternehmen dient, es sei denn, dass sie offensichtlich nicht diesen Belangen dient. Ein Recht und eine Pflicht zur Nichtbefolgung bestehen für den Vorstand der Untergesellschaft nur dann, wenn Anweisungen offensichtlich den Konzerninteressen nicht dienlich sind. Nach der Rechtsprechung bedeutet „offensichtlich", dass es für jeden Sachkenner ohne weitere Nachforschungen erkennbar ist.

Ob diese Einschränkungen auch für den Geschäftsführer einer beherrschten GmbH gelten, ist zweifelhaft.

Insofern sei nochmals darauf verwiesen, dass das Weisungsrecht der Gesellschafterversammlung gegenüber einem Geschäftsführer aufgrund der Strukturverschiedenheit von Aktiengesellschaft und GmbH wesentlich größer ist, als das Weisungsrecht gegenüber dem Vorstand einer Aktiengesellschaft.

Wer die Leitung einer Aktiengesellschaft durch einen Beherrschungsvertrag an sich zieht, der soll auch so haften wie ein Vorstand. Die Haftungserstreckung auf den Personenkreis, der durch die Ausübung des Weisungsrechts die Leitung der Untergesellschaft an sich zieht, ist in § 309 AktG geregelt. Dadurch wird die Vorstandshaftung des Aktiengesetzes auf diejenigen gesetzlichen Vertreter oder beim Einzelkaufmann auf den Inhaber des herrschenden Unternehmens erstreckt, was durchaus angemessen und plausibel ist. Diese Regelung kann sinngemäß für den GmbH-Geschäftsführer übernommen werden.

Der Vorstand der Untergesellschaft haftet selbstverständlich grundsätzlich weiterhin aus § 93 AktG, da die gesetzliche, an die Organstellung gekoppelte Haftung nicht durch den Beherrschungsvertrag beendet wird. Auch dies dürfte sinngemäß für den Geschäftsführer einer beherrschten GmbH gelten.

Nach § 310 AktG besteht eine gesamtschuldnerische Haftung zwischen dem Vorstand der Untergesellschaft und dem Weisungsgeber nach § 309 AktG, wenn der Vorstand der Untergesellschaft seine Pflichten verletzt hat, wobei auch hier die Beweislastumkehr des § 93 Abs. 2 Satz 2 AktG gilt. Dabei kann es sich dem Sinne der §§ 309 und 310 AktG nur darum handeln, dass der Vorstand der Untergesellschaften Pflichten bei der Entgegennahme und Ausführung von Weisungen missachtet hat; anderenfalls haftet er ohnehin nach § 93 AktG.

Die §§ 308 bis 310 AktG setzen immer voraus, dass ein Beherrschungsvertrag besteht. Besteht ein solcher nicht, spricht man von einem „faktischen Konzern". Durch das Vorliegen eines formellen und ins Handelsregister einzutragenden Beherrschungsvertrags wird der Vertragskonzern vom sog. faktischen Konzern abgegrenzt, für den gesetzliche Regelungen fehlen.

Besteht kein Beherrschungsvertrag, so darf ein herrschendes Unternehmen seinen Einfluss nicht dazu benutzen, eine abhängige Aktiengesellschaft zu veranlassen, ein für sie nachteiliges Rechtsgeschäft vorzunehmen oder Maßnahmen zu ihrem Nachteil zu treffen oder zu unterlassen, es sei denn, dass die Nachteile ausgeglichen werden, § 311 Abs. 1 AktG. Ist der Ausgleich nicht während des Geschäftsjahrs tatsächlich erfolgt, so muss spätestens am Ende eines Geschäftsjahrs, in dem der abhängigen Gesellschaft der Nachteil zugefügt worden ist, bestimmt werden, wann und durch welche Vorteile der Nachteil ausgeglichen werden soll. Auf die zum Ausgleich bestimmten Vorteile ist der abhängigen Gesellschaft ein Rechtsanspruch zu gewähren.

Wie der Nachteil auszugleichen ist, ist nicht näher bestimmt. Hierzu nimmt die herrschende Meinung an, dass der Nachteil durch jeden Vermögensvorteil ausgeglichen werden kann, der geeignet ist, seine bilanziellen Auswirkungen im nächsten Jahresabschluss zu neutralisieren.

Hintergrund ist die Idee, dass an die Stelle des Beherrschungsvertrages die Ausgleichspflicht tritt. Ist die Haftung der Verantwortlichen des herrschenden Unternehmens in § 317 AktG daran geknüpft, dass sie die abhängige Gesellschaft veranlasst haben, ein für diese nachteiliges Rechtsgeschäft vorzunehmen oder zu ihrem Nachteil eine Maßnahme zu treffen oder zu unterlassen, ohne dass die herrschende Gesellschaft den Nachteil bis zum Ende des Geschäftsjahres tatsächlich ausgeglichen oder der abhängigen Gesellschaft einen Rechtsanspruch auf einen zum Ausgleich bestimmten Vorteil eingeräumt hat, dann sollen die Verantwortlichen der herrschenden Gesellschaft, wie auch in § 309 AktG bei Vorliegen eines Beherrschungsvertrages sowohl gegenüber der Gesellschaft, als auch gegenüber den Aktionären haften.

Auch wenn der Weisungsberechtigte einen Ausgleich gewähren will, so würde er persönlich aufgrund seiner Weisung nach § 117 AktG haften, weil er unter Benutzung seines Einflusses auf die Gesellschaft ein Mitglied des Vorstandes bestimmt, zum Nachteil der Gesellschaft oder der Aktionäre zu handeln. Daher nimmt die herrschende Meinung an, dass § 117 AktG hinter § 311 AktG zurücktritt und § 117 AktG nur dann anwendbar ist, wenn die Voraussetzungen des § 317 AktG vorliegen.

Die Haftung der Organe der Untergesellschaft bei fehlendem Beherrschungsvertrag nach § 318 AktG knüpft der Gesetzgeber an die Verletzung von Berichts- und Prüfungspflichten (§§ 312 und 314 AktG). Der Vorstand der Untergesellschaft wird demnach in Haftung genommen wenn die herrschende Gesellschaft

- eine nachteilige Weisung erteilt und
- einen Ausgleich versäumt hat.

Darüber hinaus muss der Vorstand der abhängigen Gesellschaft gegen seine Berichtspflicht nach § 312 AktG verstoßen haben, also keinen Bericht gegeben haben, einen unvollständigen Bericht oder einen unrichtigen. Auch hier, wie in § 309, wird eine gesamtschuldnerische Haftung der Organe der Untergesellschaft mit den Weisungsgebern angeordnet.

Die Inanspruchnahme einer Gesellschaft oder von deren Organe setzt eine vertragliche oder gesetzliche, in Ausnahmefällen eine Rechtsscheinhaftung, voraus. Dies bedeutet, dass sich der Zugriff des Gläubigers auch bei verbundenen Unternehmen auf das Unternehmen beschränkt, mit dem er Rechtsgeschäfte abgeschlossen hat. Eine reiche

Muttergesellschaft haftet nicht für die Schuldnen einer armen Tochter, es sei denn, sie hat einen Schuldbeitritt oder eine harte Patronatserklärung abgegeben.

Was geschieht aber, wenn die Muttergesellschaft so weitreichenden Einfluss auf die Tochtergesellschaft genommen hat, dass diese aufgrund der Einflussnahme nicht mehr in der Lage ist, die Forderungen ihrer eigenen Gläubiger zu bedienen?

Beispiel „Bremer-Vulkan"

Die Treuhandanstalt (THA) nahm die ehemaligen Vorstandsmitglieder der Bremer Vulkan Verbund AG (BVV) auf Schadensersatz in Höhe von 9,7 Mio. DM in Anspruch. Die Klage gründete auf dem Vorwurf, die Verwendung mehrerer für eine Tochter-GmbH freigegebener Investitionshilfebeträge verhindert zu haben. Die Aktiengesellschaft hatte die Tochtergesellschaft in den Liquiditätsausgleich des Konzerns einbezogen, sodass aus Sicht der Klägerin (THA) nicht mehr ausgeschlossen werden konnte, dass die der Tochter ausgezahlten Beihilfebeträge anderen Gesellschaften des Konzerns zugute kamen. Die klagende Treuhandanstalt hatte zunächst Sicherheiten der Konzernmutter verlangt und sich mit dieser alsdann auf eine halbjährige Berichterstattung über den Geschäftsverlauf und die Fortschritte mit der Umstrukturierung der Tochter geeinigt. Aus diesen Geschäftsberichten entnahm die Klägerin (THA) alsdann, dass die der Tochter zur Verfügung gestellten Mittel im Wege des Liquidationsausgleiches teilweise westdeutschen Konzernunternehmen überlassen worden war. Die Tochtergesellschaft war vertraglich zur Überlassung der Gelder durch einen zwischen der Muttergesellschaft und der Beteiligungsgesellschaft abgeschlossenen Vertrag über konzerninterne Finanzierung und Geldanlagen verpflichtet worden (sog. Cash Pool). Die Verpflichtung erstreckte sich darauf, liquide Mittel ausschließlich bei der Mutter anzulegen und Betriebsmittelkredite nur bei ihr aufzunehmen. Später konnten die Zahlungsanforderungen der Tochter an das zentrale Cashmanagement, insbesondere gegen die Muttergesellschaft nicht mehr bedient werden, da über das Vermögen der Muttergesellschaft das Insolvenzverfahren eröffnet worden war. ◀

Der BGH entschied diesen Fall dahingehend, dass der Schutz einer abhängigen GmbH gegen Eingriffe ihres Alleingesellschafters nicht dem Haftungssystem des Konzernrechts des Aktienrechts (§§ 291 ff., 311 ff. AktG) folgt, sondern auf die Erhaltung ihres Stammkapitals und die Gewährleistung eines Bestandsschutzes beschränkt ist, der eine angemessene Rücksichtnahme auf die Eigenbelange der GmbH erfordert. An einer solchen Rücksichtnahme fehlt es, wenn die GmbH infolge der Eingriffe ihres Alleingesellschafters ihren eigenen Verbindlichkeiten nicht mehr nachkommen kann.

Diese Rechtsprechung wurde dahingehend weiterentwickelt, dass bei missbräuchlicher Schädigung des im Gläubigerinteresse zweckgebundenen Gesellschaftsvermögens der Geschäftsführer gegenüber der Gesellschaft wegen vorsätzlich sittenwidriger Schädigung nach § 826 BGB haftet (Innenhaftung).

Gleichwohl bleibt für die Haftung des GmbH-Geschäftsführers eines in einer Konzernstruktur verbundenen Unternehmens festzuhalten, dass – unabhängig davon, ob die Verbindung aufgrund von Unternehmensverträgen entsteht oder dadurch, dass eine Gesellschaft alle Kapitalanteile an einer anderen hält – eine Haftungserweiterung für die Organe eintritt. Dies gilt vor allem für die Organe der herrschenden Gesellschaft, aber ggf. auch für die Organe der beherrschten Gesellschaft.

5.5 Beweislastumkehr und Verschuldensvermutung

Will die Gesellschaft ihren derzeitigen oder vormaligen Geschäftsführer auf Schadensersatz in Anspruch nehmen, muss zunächst nach § 46 Nr. 8 GmbHG ein Beschluss der Gesellschafterversammlung herbeigeführt werden. Dieser sollte – falls der einzige Geschäftsführer in Anspruch genommen werden soll – auch die Bestimmung eines Vertreters der Gesellschaft in dem Prozess gegen den Geschäftsführer beinhalten, da dieser die Gesellschaft nicht gegen sich selbst vertreten kann.

Zuständig sind für einen solchen Rechtsstreit die Zivilgerichte (Landgericht, Kammer für Handelssachen), nicht die Arbeitsgerichte, mit der Folge, dass auch in erster Instanz der Verlierer die gesamten Prozesskosten, also auch die Anwaltskosten der Gegenseite zu tragen hat. Vor Klageerhebung ist zu klären, wer im Prozess was beweisen muss, denn wer die Beweislast trägt, den Beweis aber nicht erbringen kann, verliert den Prozess (sog. Non-liquet- Entscheidung). Grundsätzlich muss immer derjenige, der sich auf eine ihm günstige Tatsache beruft, diese beweisen. Will nun die Gesellschafterversammlung einem Geschäftsführer dessen Dienstvertrag ohne Einhaltung einer Kündigungsfrist aus wichtigem Grund kündigen, so müsste diese das Vorliegen eines wichtigen Grundes in vollem Umfang beweisen.

Die Auskunfts- und Einsichtsrechte des § 51a GmbHG sind insofern von erheblicher Bedeutung, um das Informationsdefizit der Gesellschafter auszugleichen, können aber dann unergiebig sein, wenn die Bücher nicht kaufmännisch einwandfrei geführt worden sind.

> **Beispiel**
>
> Die Gesellschafter B und C stellen fest, dass vom Bankkonto der Gesellschaft 5000 € abgehoben wurden, die Verwendung dieses Geldes aber nicht ersichtlich ist. Die Geschäftsbücher geben keinen Aufschluss über den Verbleib des Geldes. Da sowohl der Geschäftsführer als auch der Buchhalter das Unternehmen verlassen haben, kann nicht festgestellt werden, ob die Buchführung falsch oder unvollständig ist. Aus Sicht der Gesellschaft besteht ein Kassenfehlbestand, den der Geschäftsführer zu verantworten hat. ◄

Obwohl das GmbHG, anders als das Aktiengesetz (AktG) und das Genossenschafts-
gesetz (GenG), keine gesetzliche Regelung für die Darlegungs- und Beweislast trifft,
billigt die Rechtsprechung den Gesellschaftern in diesen Fällen Beweiserleichterungen
zu und wendet § 93 Abs. 2 Satz 2 AktG analog an.

Der Geschäftsführer ist nach § 41 GmbHG für die Buchführung verantwortlich.
Bei einem Kassenfehlbestand, der sich nicht aus den Büchern ergibt, ist zugunsten
der Gesellschaft und damit zulasten des Geschäftsführers davon auszugehen, dass
der Fehlbetrag nicht für Zwecke der Gesellschaft ausgegeben worden ist. Der BGH
begründet dies damit, dass die Gesellschaft davon ausgehen muss, dass der Geschäftsführer die Bücher durch den Buchhalter so hat führen lassen, dass sie ein richtiges
und vollständiges Bild von allen Geschäftsvorfällen vermitteln, die im Unternehmen
angefallen sind. Für die Haftung des Geschäftsführers mache es keinen Unterschied,
ob nicht alle Geschäftsvorfälle in den Büchern erfasst sind, die Buchführung mithin nicht ordnungsgemäß ist oder ob Buchungsfehler vorliegen. Wird der Fehlbestand
nicht aufgeklärt, so geht dies zulasten des für die Buch- und Kassenführung zuständigen
Geschäftsführers.

Die Gesellschaft hat lediglich darzulegen und zu beweisen:

- den Schaden (hier Kassenfehlbestand);
- den Sachverhalt, aus dem sich Pflichtwidrigkeit des Geschäftsführers ergeben kann
  (hier unvollständig oder falsch geführte Geschäftsbücher);
- die Ursächlichkeit zwischen diesen beiden Punkten.

Der Geschäftsführer kann sich hiergegen verteidigen:

- mit dem Nachweis, dass ihn kein Schuldvorwurf treffe (z. B. weil er den Buchhalter
  regelmäßig überwacht habe);
- mit dem Nachweis, dass der Schaden auch dann eingetreten wäre, wenn er die
  geschuldete Sorgfalt angewandt hätte (z. B. weil der Schaden nicht durch mangelhafte
  Buchführung, sondern durch eine nicht vorsehbare kriminelle Einzeltat des Buchhalters entstanden ist);
- mit dem Nachweis, dass die Buchhaltung den Erfordernissen des § 41 GmbHG entsprochen hat (z. B. die Bücher bei seinem Ausscheiden vollständig vorhanden waren,
  nunmehr aber Teile fehlen, da die Gesellschaft nach seinem Ausscheiden die Bücher
  nicht mehr ordnungsgemäß aufbewahrt hatte).

5.6   Haftungsvermeidungsstrategien

Der Geschäftsführer ist für sämtliche Fehler und Unterlassungen seiner Mitarbeiter
haftbar, wenn er nicht beweisen kann (= Beweislastumkehr), dass kein Überwachungsverschulden,   Auswahlverschulden,   Einweisungsverschulden,   Einsatzverschulden,

Informationsverschulden oder Organisationsverschulden von ihm vorgelegen hat. Der Geschäftsführer darf folglich nicht blind vertrauen dem

- Leiter der Qualitätssicherung,
- Fuhrparkleiter,
- Steuerberater/Wirtschaftsprüfer,
- Buchhalter,
- Mitgeschäftsführer.

Der Geschäftsführer sollte das Unternehmen so organisieren, dass Fehler, die von anderen gemacht werden, nicht ihm zur Last gelegt werden können. Dies kann im Einzelfall bedeuten, dass er z. B. folgende Maßnahmen vornimmt:

- sich die bilanztaktischen Vorschläge des Buchhalters schriftlich geben und vom Steuerberater bestätigen lassen,
- bei schwierig erscheinenden Fragen einen zweiten Berater einschalten und Ratschläge aktenkundig machen (sog. zweite Meinung),
- vom Fuhrparkleiter Liste erstellen und vorlegen lassen, nach der dieser z. B. alle vier Wochen die jeweiligen Kraftfahrer kontrolliert, ob diese noch im Besitz eines gültigen Führerscheins sind (durch Sichtung des Führerscheins, nicht durch Versicherung der Kraftfahrer, dass sie noch einen besitzen!),
- vom Leiter der Qualitätssicherung in geeignet erscheinenden Zeitabständen Protokolle über durchgeführte Prüfungen aufbewahren und eventuell von einem technischen Berater oder entsprechender Fachkraft beurteilen lassen.

Ein Anspruchsteller muss nicht das Verschulden des Geschäftsführers beweisen, sondern der Geschäftsführer muss darlegen und beweisen, dass er nicht schuldhaft gehandelt hat. Diese Beweisführung sollte sich ein Geschäftsführer mit einer sorgfältigen Dokumentation seiner Tätigkeit durch Protokolle und (Akten)Notizen so leicht wie möglich machen.

Darüber hinaus sollte er sich regelmäßig über seine Rechte und Pflichten informieren. Dies kann geschehen durch den Besuch von Seminaren und die Lektüre von Fachliteratur. Am besten bewahrt man die Bescheinigungen über besuchte Seminare auf.

Der ideale Geschäftsführer, der alle Gesetze beachtet, makellos arbeitet, sorgfältig ist und dies auch bei seinen Geschäftsführerkollegen und Mitarbeitern überwacht, bietet kaum Ansatzpunkte für eine Haftung. Er ist allerdings in der Praxis angesichts der hohen Arbeitsbelastung im operativen Geschäft der Ausnahme- und nicht der Regelfall.

Von einem Geschäftsführer wird gleichwohl erwartet, dass er sich über die wirtschaftliche Lage seiner Gesellschaft stets vergewissert und in schwierigen Zeiten Überschuldung und Zahlungs(un)fähigkeit prüft. Sollte er nicht über ausreichend persönliche Kenntnisse verfügen, muss er sich extern beraten lassen, wofür jedoch eine schlichte Anfrage bei einer für fachkundig gehaltenen Person nicht ausreicht. Der Nachweis mangelnden Verschuldens und damit die Meidung einer eigenen Haftung erfordert, dass sich der Geschäftsführer unter umfassender Darstellung der Verhältnisse der Gesellschaft und Offenlegung aller Unterlagen von einem für die zu klärenden Fragen fachlich qualifizierten Berufsträger – i. d. R. Wirtschaftsprüfer, Steuerberater oder Rechtsanwälten – beraten lässt. Der Geschäftsführer muss allerdings nicht nur unverzüglich Rat suchen, sondern auch darauf dringen, dass ihm das Prüfungsergebnis unverzüglich vorgelegt wird.

Damit haben es Geschäftsführer nach der höchstrichterlichen Rechtsprechung selbst in der Hand, durch frühzeitige Beratung Haftungsrisiken auszuschließen.

5.7 Haftungsbeschränkung zwischen Geschäftsführer und Gesellschaft

Ob zugunsten des Geschäftsführers eine Haftungsbeschränkung durch Vereinbarung mit der eigenen Gesellschaft wirksam vereinbart werden kann, ist zweifelhaft.

Vereinbarungen zulasten Dritter sind unwirksam, sodass die Vereinbarung einer wirksamen Haftungsbeschränkung zwischen den Gesellschaftern und dem Geschäftsführer gegenüber Gesellschaftsgläubigern im Außenverhältnis nicht in Betracht kommt.

Allenfalls im Innenverhältnis sind bei Mehrpersonengesellschaften Haftungserleichterungen möglich:

- es wird der Verschuldensmaßstab eingeschränkt, sodass der Geschäftsführer nur noch bei Vorsatz oder bei Vorsatz und grober Fahrlässigkeit, also nicht bei jeder Fahrlässigkeit haftet;
- die Haftung wird auf einen Höchstbetrag beschränkt (ausgenommen bei Vorsatz);
- die gesetzliche Beweislastregel und Verschuldensvermutung wird vertraglich abbedungen;
- Verkürzung der Verjährungsfrist des § 43 Abs. 4 GmbHG.
- Eine Haftungserleichterung erfordert aufseiten der Gesellschaft immer einen Gesellschafterbeschluss.

Ein solcher Beschluss liegt auch vor, wenn die Gesellschafterversammlung den Dienstvertrag des Geschäftsführers, welcher eine solche Klausel enthält, beschlossen hat. Bei Gesellschaftergeschäftsführern ist es sinnvoll, die Haftungsbeschränkung bereits in die Satzung aufzunehmen, insbesondere, wenn die Gesellschafter die Haftungsprivilegierung nur den Gesellschaftergeschäftsführern, nicht aber den Fremdgeschäftsführern zugute kommen lassen will.

Vertraglich kann auch vereinbart werden, dass die Gesellschaft den Geschäftsführer in den Fällen gegenüber Dritten von der Haftung freistellt, in denen er aufgrund der Haftungseinschränkungsvereinbarung gegenüber der Gesellschaft nicht haftet. Zu bedenken ist aber immer, dass eine solche Klausel nur greift, wenn und solange die Gesellschaft zahlungsfähig ist.

5.8 Vermögensschaden-Haftpflichtversicherungen

Für GmbH-Geschäftsführer persönlich besteht bis auf wenige Ausnahmen keine Pflicht zum Abschluss einer Haftpflichtversicherung. Der GmbH-Geschäftsführer sollte aber im eigenen Interesse bei Abschluss seines Dienstvertrages darauf achten, dass von der Gesellschaft zu seinen Gunsten eine D&O-Versicherung abgeschlossen und für die Dauer seiner Amtsinhaberschaft aufrechterhalten wird.

Interessant ist eine derartige Vermögensschaden-Haftpflichtversicherung deswegen, weil Versicherungsnehmer und damit Zahlungspflichtiger die Gesellschaft ist, versicherte Person aber der Geschäftsführer. Bei der Gesellschaft sind die Versicherungsprämien Betriebsausgaben.

Gemäß den Musterbedingungen, die der Gesamtverband der Deutschen Versicherungswirtschaft e. V. für Vermögensschaden-Haftpflichtversicherungen von Aufsichtsräten, Vorständen und Geschäftsführern herausgegeben hat, gewährt der Versicherer Versicherungsschutz für den Fall, dass ein gegenwärtiges oder ehemaliges Mitglied des Aufsichtsrates, des Vorstandes oder der Geschäftsführung des Versicherungsnehmers oder einer Tochtergesellschaft (versicherte Personen) wegen einer bei Ausübung dieser Tätigkeit begangenen Pflichtverletzung aufgrund gesetzlicher Haftpflichtbestimmungen für einen Vermögensschaden auf Schadenersatz in Anspruch genommen wird.

Vermögensschäden sind dabei solche Schäden, die weder Personenschäden (Tötung, Verletzung des Körpers oder Schädigung der Gesundheit von Menschen) noch Sachschäden Beschädigung, Verderben, Vernichtung oder Abhandenkommen von Sachen) sind noch sich aus solchen Schäden herleiten.

Der Versicherungsschutz des D&O Versicherers umfasst die Prüfung der Haftpflichtfrage, die Abwehr unberechtigter Schadenersatzansprüche und die Freistellung der versicherten Personen von berechtigten Schadenersatzverpflichtungen.

Die Musterbedingungen definieren auch, wann der Versicherungsfall eintritt, den zeitlichen und den sachlichen Umfang der Versicherung, sowie Haftungsausschlüsse, Obliegenheits- und Anzeigepflichten, Rechtsverlust und Kündigung der Versicherung.

Wichtig ist für den Gesellschafter-Geschäftsführer folgende Einschränkung:

Besteht eine mittelbare oder unmittelbare Kapitalbeteiligung der versicherten Personen, die eine Pflichtverletzung begangen haben bzw. von Angehörigen dieser versicherten Personen an dem Versicherungsnehmer bzw. einer vom Versicherungsschutz erfassten Tochtergesellschaft, so umfasst der Versicherungsschutz bei Ansprüchen des Versicherungsnehmers bzw. einer vom Versicherungsschutz erfassten Tochtergesellschaft nicht den Teil des Schadenersatzanspruchs, welcher der Quote dieser Kapitalbeteiligung entspricht.

Die D&O-Versicherung ist im Übrigen eine subsidiäre Versicherung, d. h., es ist immer zu prüfen, ob nicht eine andere Versicherung (z. B. eine Kreditversicherung) vorrangig eintrittspflichtig ist. Bereits wegen dieser Einbindung in ein Gesamtversicherungskonzept für das Unternehmen, aber auch wegen der unterschiedlichen Versicherungsbedingungen der Anbieter, sollte vor Abschluss einer Versicherung immer der qualifizierte Rat insoweit fachkundiger Berater eingeholt werden (z. B. Versicherungsmakler).

5.9 Rechtsschutzversicherungen

Neben den D&O-Versicherungen werden auf dem Versicherungsmarkt von einigen Versicherungsunternehmen unter diversen Bezeichnungen auch reine Rechtsschutzversicherungen angeboten, speziell werbemäßig herausgestellt für die Zielgruppe der „Manager". Es handelt sich um Vermögensschadenrechtsschutz-, Strafrechtsschutz- und Vertragsrechtsschutzversicherungen oder Kombinationen dieser Elemente.

Diesen Versicherungen fehlt das Element „Haftpflicht", sodass der Versicherer den verursachten Schaden selbst in keinem Fall zu tragen hat.

Reine Rechtsschutzversicherungen empfehlen sich deshalb nur als Mindestschutz oder Ergänzung da, wo eine D&O-Versicherung nicht oder nicht zu tragbaren Konditionen erhältlich ist, z. B. für den Mehrheitsgesellschafter, der selbst Geschäftsführer ist.

5.10 Entlastung und Generalbereinigung

Die Entlastung ist eine einseitige Erklärung der Gesellschafterversammlung durch Gesellschafterbeschluss gemäß § 46 Nr. 5 GmbHG. Sie stellt eine durch die Gesellschafter ausgesprochene Billigung der Tätigkeit und Amtsführung des Geschäftsführers im abgelaufenen Geschäftsjahr und gleichzeitig der Ausspruch des Vertrauens für die weitere Zusammenarbeit dar. Ihr geht regelmäßig die Berichterstattung und Rechenschaftslegung für die vorangegangene Periode (Geschäftsjahr) durch den Geschäftsführer voraus.

Die Gesellschaft verzichtet durch die Entlastung des Geschäftsführers auf alle Ansprüche wegen pflichtwidriger Führung der Geschäfte, soweit diese bei Beschlussfassung für die Gesellschafterversammlung nach der Berichterstattung und Rechenschaftslegung des geschäftsführers erkennbar waren. Jedem Geschäftsführer ist daher zu empfehlen, seine Berichterstattung und Rechenschaftslegung zu dokumentieren, zeitnah eine Beschlussfassung der Gesellschafterversammlung über seine Entlastung herbeizuführen und ggf. die Beratung eines im Gesellschaftsrecht versierten Beraters in Anspruch zu nehmen.

Da die Entlastung nur Sachverhalte umfasst, von der die Gesellschafter zumindest Kenntnis haben konnten, ist darauf zu achten, dass alle relevanten, auch kritischen Sachverhalte nachweisbar den Gesellschaftern mitgeteilt werden.

Einen einklagbaren und vollstreckbaren Anspruch auf Entlastung hat der Geschäftsführer nicht, selbst wenn bei sorgfältiger Prüfung Pflichtverletzungen weder bekannt noch erkennbar sind und damit die Voraussetzungen für die Entlastung vorliegen. Wird die Entlastung aus offenbar unsachlichen Gründen, d. h. willkürlich verweigert, kann der Geschäftsführer nur sein Amt niederlegen und ggf. seinen Dienstvertrag fristlos kündigen oder aber den Ablauf der Verjährungsfrist für etwaige Ansprüche abwarten.

Über die Entlastung durch Gesellschafterbeschluss hinaus geht die sog. Generalbereinigung. Sie ist keine einseitige Erklärung wie die Entlastung, sondern eine vertragliche Vereinbarung (sog. Erlass- bzw. Verzichtsvertrag) zwischen der Gesellschaft, vertreten durch die Gesellschafterversammlung, und dem Geschäftsführer. Eine solche Vereinbarung kann den Verzicht der Gesellschaft auf alle denkbaren Ansprüche, bekannt oder unbekannt, dem Geschäftsführer gegenüber zum Inhalt haben. Dann wird der Geschäftsführer auch von für die Gesellschafterversammlung nicht erkennbaren Ansprüchen frei. Diese könnte den Erlassvertrag allenfalls anfechten, wenn sie durch den Geschäftsführer beim Abschluss arglistig getäuscht wurde.

Wichtig und insbesondere bei Aufhebungs- oder Abwicklungsverträgen zu beachten ist, dass nur die Gesellschafterversammlung als Organ der GmbH eine Generalbereinigung vereinbaren kann und nicht etwa ein Mitgeschäftsführer oder der Nachfolger in der Geschäftsführung.

5.11 Strafrechtliche Verantwortlichkeit des Geschäftsführers

Neben der zivilrechtlichen persönlichen Haftung drohen dem Geschäftsführer bei Verletzung seiner Pflichten strafrechtliche Sanktionen. Die Strafandrohung soll den Geschäftsführer zu pflichtgemäßem Handeln anhalten.

Beispiel (Lederspray-Fall)

Alle Geschäftsführer einer Unternehmensgruppe sowie deren Vertriebsgesellschaften wurden zu Freiheits- und Geldstrafen wegen Körperverletzung verurteilt, weil Benutzer von Lederpflegemitteln des betreffenden Unternehmens infolge von gesundheitsschädlichen Bestandteilen zum Teil lebensbedrohlich erkrankt waren. Der BGH knüpfte an die Gesamtverantwortung der Geschäftsführung an. Jeder einzelne Geschäftsführer habe die Verpflichtung gehabt, nach Erkennen der Gefahren für den Verbraucher die im Umlauf befindlichen Produkte zurückzurufen. Die Verletzung dieser Vorschriften wertete das Gericht als strafbare Körperverletzung, begangen durch Unterlassen. ◄

In die gleiche Richtung gingen auch die Contergan-Fälle, in denen den betroffenen Geschäftsführern zur Last gelegt wurde, das Arzneimittel verspätet vom Markt genommen und nicht andere Maßnahmen (z. B. Warnaktionen, Vertriebsstoppaktionen) ergriffen zu haben, damit dieses Mittel nicht mehr verwendet wird. Auch hierin wurde eine fahrlässige Körperverletzung durch Unterlassen angenommen.

Die im Folgenden beschriebenen Vorschriften sind für Geschäftsführer in der Praxis von besonderer Bedeutung.

5.11.1 Gründungsschwindel, Geheimnisverrat

Nach § 82 GmbHG macht sich ein Geschäftsführer strafbar, wenn er anlässlich der Gründung der GmbH zum Zweck der Eintragung der Gesellschaft über die Übernahme der Stammeinlagen, die Leistung der Einlagen, die Verwendung eingezahlter Beträge, Gründungsaufwand oder Sacheinlagen falsche Angaben macht.

Beispiel

A lässt am 12.05. beim Notar den Gesellschaftsvertrag seiner Einmann-GmbH beurkunden. Zum Geschäftsführer bestellt A sich selbst. Unter Vorlage einer Abschrift der notariellen Urkunde richtet er wenige Tage später für die GmbH i. G. ein Bankkonto ein und zahlt darauf 25.000 € ein. Den Kontoauszug legt er dem Notar vor und meldet die GmbH zur Eintragung ins Handelsregister an. Dabei versichert A, dass die Leistungen auf die Geschäftsanteile bewirkt wurden und sich endgültig in der freien Verfügung des Geschäftsführers befinden. Allerdings hat A bereits einen Tag vor der Anmeldung einen Scheck über 2500 € auf das besagte Bankkonto gezogen, um sich sein erstes Geschäftsführergehalt zu zahlen. Er glaubte aber, er dürfe dennoch die Volleinzahlung versichern. A hat durch die falsche Versicherung in der Anmeldung gegen § 8 Abs. 2 GmbHG verstoßen und sich auf diese Weise nach § 82 Abs. 1 Nr. 1 GmbHG strafbar gemacht. Soweit A sich auf einen Verbotsirrtum beruft, war dieser vermeidbar, weil geeignete Erkundigungen, etwa bei einem Rechtsanwalt oder beim Registergericht hätten eingeholt werden können. Der vermeidbare Verbotsirrtum entschuldigt A nicht und steht einer strafrechtlichen Verantwortung nicht entgegen. ◀

§ 84 GmbHG stellt die Verletzung der Verlustanzeigepflicht unter Strafe, d. h. den Fall, dass jemand es als Geschäftsführer unterlässt, den Gesellschaftern den (bilanziellen) Verlust der Hälfte des Stammkapitals anzuzeigen.

§ 85 GmbHG sanktioniert die Verletzung der Geheimhaltungspflicht, wenn der Geschäftsführer ein Betriebs- oder Geschäftsgeheimnis unbefugt offenbart. Eine vergleichbare Vorschrift findet sich auch in § 10 des Gesetzes zum Schutz von Geschäftsgeheinissen (GeschGehG) für eine bei einem Unternehmen beschäftigte Person, welche Geschäfts- und Betriebsgeheimnisse verrät.

5.11.2 Verletzung von Buchführungspflichten, Bankrott

Wer es als Geschäftsführer unterlässt, die Buchführung des Unternehmens, zu deren Führung er gesetzlich verpflichtet ist, zu erledigen, oder diese so schlecht führt oder verändert, dass die Übersicht über die Situation der Gesellschaft erschwert wird, ist wegen Verletzung der Buchführungspflicht strafbar, § 283b StGB. Gleiches gilt für den Geschäftsführer, der Unterlagen, zu deren Aufbewahrung er nach Handelsrecht verpflichtet ist, vor Ablauf der gesetzlichen Aufbewahrungsfristen beiseiteschafft, verheimlicht oder zerstört und dadurch die Übersicht über die Situation der Gesellschaft erschwert. Schließlich fällt auch die Nichterstellung von Bilanzen innerhalb der vorgeschriebenen Zeit hierunter.

Geschieht dies alles bei Zahlungsunfähigkeit oder Überschuldung der Gesellschaft wird daraus der Straftatbestand des Bankrotts, § 283 StGB, mit welchem auch das Beiseiteschaffen von Vermögen unter Strafe gestellt ist.

5.11.3 Vorenthaltung und Veruntreuen von Arbeitsentgelt

Wer als Arbeitgeber, und als ein solcher zählt der Geschäftsführer als Organ der Gesellschaft, der Einzugsstelle Beiträge von Arbeitnehmern zur Sozialversicherung vorenthält, d. h., diese zu spät, nur teilweise oder gar nicht abführt, macht sich nach § 266a StGB strafbar, unabhängig davon, ob Lohn oder Gehalt tatsächlich gezahlt wurde.

Das Gericht kann von einer Bestrafung absehen, wenn der Geschäftsführer spätestens im Zeitpunkt der Fälligkeit oder unverzüglich danach der Einzugsstelle schriftlich die Höhe der vorenthaltenen Beiträge mitteilt und darlegt, warum die fristgemäße Zahlung nicht möglich ist, obwohl er sich darum ernsthaft bemüht hat. Werden die Beiträge dann nachträglich innerhalb der von der Einzugsstelle bestimmten angemessenen Frist entrichtet, wird der Geschäftsführer insoweit nicht bestraft.

Noch besser ist es jedoch, wenn der Geschäftsführer sich frühzeitig nachweislich (mindestens Textform) um Ratenzahlungsvereinbarungen mit der jeweiligen Einzugsstelle bemüht, da eine Stundung bereits den Eintritt der Fälligkeit hindern.

5.11.4 Betrug

Am häufigsten kommt in der Praxis der Eingehungsbetrug nach § 263 BGB vor, bei welchem der Geschäftsführer den Vertragspartner der GmbH ausdrücklich oder stillschweigend über die Zahlungs(un)fähigkeit seiner Gesellschaft im Unklaren lässt.

In §§ 264, 265b StGB sind die besonderen Tatbestände des Subventions- und Kreditbetruges geregelt, die im Wesentlichen die Vorspiegelung falscher oder Unterdrückung wahrer Tatsachen zum Zweck der Erlangung von Vermögensvorteilen gegenüber Dritten zum Gegenstand haben.

Beispiel

A ist geschäftsführender Gesellschafter der A-GmbH, deren Warenlager gegen Jahresende auf der Basis der Einkaufspreise einen Wert von 300.000 € hat. Auf der Grundlage realistischer Verkaufspreise beträgt der Wert 600.000 €. A möchte mit seiner Bank über eine Erhöhung der Kreditlinie verhandeln. Er entsinnt sich, davon gehört zu haben, dass es zwei Arten von Bilanzen gibt, die Handels- und die Steuerbilanz. Er weist deshalb seinen Buchhalter an, zur Vorlage beim Finanzamt eine „Steuerbilanz" zu fertigen, bei der das Lager mit 300.000 € angesetzt ist; ferner eine „Handelsbilanz", bei der der Wertansatz des Lagers 600.000 € beträgt. Mit dieser Handelsbilanz erwirkt A eine Aufstockung des Bankkredits um 300.000 €.

Als Geschäftsführer der GmbH ist A verantwortlich für die Aufstellung des Jahresabschlusses. Nach § 253 Abs. 1 HGB sind Vermögensgegenstände höchstens mit den Anschaffungs- oder Herstellungskosten anzusetzen. Anschaffungskosten sind nach § 255 HGB die Aufwendungen, die geleistet werden, um einen Vermögensgegenstand zu erwerben. Hier belaufen sich die Anschaffungskosten des Warenlagers auf der Basis der Einkaufspreise auf 300.000 €. Diesen Wert darf der Geschäftsführer somit nicht überschreiten. Die „Handelsbilanz" der A-GmbH ist somit falsch. Durch die Vorlage des Jahresabschlusses bei der Bank und die dadurch bewirkte Aufstockung des Kredits begeht A einen Kreditbetrug nach § 265b Abs. 1 Nr. 1a StGB. Weitere Straftatbestände kommen zusätzlich in Betracht. A gerät zudem in die persönliche Haftung. Grundlage dafür ist § 823 Abs. 2 BGB. Nach dieser Vorschrift tritt Schadensersatzpflicht ein, wenn jemand gegen ein den Schutz eines anderen bezweckenden Gesetzes verstößt. Die Vorschrift des § 265b StGB ist ein Schutzgesetz zugunsten des Kreditinstitutes. A muss also mit seinem eigenen Vermögen für einen etwaigen Schaden, insbesondere wenn die GmbH den Kredit nicht zurückzahlen kann, eintreten. ◄

5.11.5 Untreue

Untreue ist der typische Straftatbestand, wenn ein Geschäftsführer, egal ob Fremdgeschäftsführer oder Gesellschaftergeschäftsführer, seine eigene Gesellschaft schädigt. § 266 StGB stellt unter Strafe, wer die ihm durch Gesetz oder Rechtsgeschäft eingeräumte Befugnis, über fremdes Vermögen zu verfügen oder einen anderen zu verpflichten, missbraucht oder die ihm obliegende Pflicht, fremde Vermögensinteressen wahrzunehmen, verletzt und dadurch dem, dessen Vermögensinteressen er zu betreuen hat, Nachteil zufügt. Hieran zeigt sich besonders deutlich, dass die GmbH eine vom Gesellschafter und Geschäftsführer gesondert zu betrachtende juristische Person mit eigenen Vermögensinteressen ist, die letztlich auch dem Gläubigerschutz dienen.

Im Hinblick auf den Tatbestand der Untreue sind allerdings vom Geschäftsführer vorgenommene Handlungen problematisch, die nach dieser Vorschrift strafbar sind, aber auf

Weisung der Gesellschafterversammlung erfolgen. Während i. d. R. zivilrechtlich davon auszugehen ist, dass der Geschäftsführer, der eine rechtmäßige Weisung befolgt, auch von der Haftung befreit ist, soll nach verschiedenen Urteilen der Strafsenate des BGH auch dann Untreue vorliegen, wenn der Geschäftsführer zwar weisungsgemäß handelt, gleichzeitig jedoch gegen die Grundsätze eines ordentlichen Kaufmanns verstößt.

5.11.6 Insolvenzverschleppung

Nach § 15a Abs. 4 der Insolvenzordnung (InsO) wird derjenige bestraft, der bei Vorliegen eines Insolvenzgrundes den Insolvenzantrag nicht, nicht richtig oder nicht rechtzeitig stellt.

Für die Insolvenzantragstellung gilt eine Höchstfrist von spätestens 3 Wochen nach Eintritt der Zahlungsunfähigkeit und 6 Wochen nach Eintritt der Überschuldung vor, wobei nicht bis zum Ablauf der Frist zugewartet werden kann, sondern der Antrag ohne schuldhaftes Zögern zu stellen ist.

Als Insolvenzgründe nennt das Gesetz die Überschuldung und die Zahlungsunfähigkeit, wobei im Falle eines freiwilligen Eigenantrages auch bereits die drohende Zahlungsunfähigkeit zur Insolvenzantragstellung berechtigt, aber nicht verpflichtet.

Überschuldung im Sinne der Insolvenzordnung liegt vor, wenn das Vermögen die Schulden nicht mehr deckt, es sei denn, die Fortführung des Unternehmens ist nach den Umständen überwiegend wahrscheinlich.

Zahlungsunfähigkeit liegt vor, wenn die GmbH nicht mehr in der Lage ist, ihre fälligen Zahlungspflichten zu erfüllen. Dies gilt ausnahmsweise nur dann nicht, wenn

- die GmbH zwar aktuell nicht in der Lage ist, ihre fälligen und eingeforderten Verbindlichkeiten vollständig zu bedienen, jedoch binnen drei Wochen sämtliche Gläubiger voll befriedigen kann (Zukunftsprognose),
- eine geringfügige Unterdeckung von weniger als 10 % vorliegt und mit Zahlungseingängen gerechnet werden kann.

In diesen Fällen wäre es unangemessen, wenn der GF wegen einer vorübergehenden Unterdeckung von wenigen Prozent, die binnen drei Wochen beseitigt werden kann, Insolvenz anmelden müsste. Im Umkehrschluss ergibt sich aber auch die Faustformel, dass ab einer Unterdeckung von 10 % aller fälligen Verbindlichkeiten eine widerlegbare Vermutung für das Vorliegen des Insolvenzgrundes der Zahlungsunfähigkeit spricht.

Der Geschäftsführer sollte in enger Abstimmung mit dem rechtlichen und steuerlichen Berater der Gesellschaft kurz- und mittelfristige Zahlungspläne erstellen und Umstände dokumentieren, die für eine Verbesserung der Liquiditätslage sprechen.

Hat die GmbH keinen Geschäftsführer mehr oder ist dieser nicht mehr erreichbar (Führungslosigkeit) ist auch jeder Gesellschafter verpflichtet, bei Zahlungsunfähigkeit oder Überschuldung Insolvenzantrag zu stellen. Dies gilt nur dann nicht, wenn der Gesellschafter von Führungslosigkeit, Zahlungsunfähigkeit oder Überschuldung der Gesellschaft keine Kenntnis hat. Die Beweislast hierfür hat der Gesellschafter aber selbst, sodass dem nicht tätigen Minderheitsgesellschafter ein Entlastungsbeweis eher gelingen dürfte.

Die GmbH in der Krise

Die Haftungsrisiken für den Geschäftsführer sind besonders hoch, wenn sich die Gesellschaft in der Krise befindet. Eine GmbH befindet sich in der Krise, wenn ihre Gesellschafter als ordentliche Kaufleute Eigenkapital zuführen würden. Dies ist regelmäßig der Fall bei

- (mindestens) drohender Zahlungsunfähigkeit,
- Überschuldung,
- Kreditunwürdigkeit.

§ 49 Abs. 3 GmbHG setzt noch vor diesen Zuständen ein Achtungszeichen: Jeder Geschäftsführer muss unverzüglich, d. h. ohne schuldhaftes Zögern, eine außerordentliche Gesellschafterversammlung einberufen, wenn sich aus der Jahresbilanz oder aus einer im Laufe des Geschäftsjahres aufgestellten Bilanz ergibt, dass die Hälfte des Stammkapitals bilanziell, z. B. durch Verluste, aufgezehrt wurde. § 84 Abs. 1 Nr. 1 GmbHG stellt es sogar unter Strafe, wenn der Geschäftsführer es unterlässt, den Gesellschaftern einen Verlust in Höhe der Hälfte des Stammkapitals anzuzeigen.

Das Besondere an einer Krisensituation ist für den Geschäftsführer, dass er noch gründlicher und sorgfältiger die Situation der Gesellschaft beobachten und vor allem dokumentieren muss, um nicht in eine persönliche Haftung zu geraten. Er muss im Wege einer Liquiditätsplanung ständig die Zahlungsunfähigkeit der Gesellschaft im Auge haben und notfalls auch unterjährig (Zwischen) Abschlüsse und/oder einen Überschuldungsstatus aufstellen lassen.

Was aber kann ein Geschäftsführer tun, um die Gesellschaft aus der Krise zu führen?

- Erhöhung des Stammkapitals oder Einzahlung in Kapitalrücklage
  Der Geschäftsführer beruft eine Gesellschafterversammlung ein und wirkt auf einen Beschluss zur Erhöhung des Stammkapitals in einer Höhe hin, die sicherstellt, dass

© Springer-Verlag GmbH Deutschland, ein Teil von Springer Nature 2022
A. Sattler et al., *Der Ingenieur als GmbH-Geschäftsführer*,
https://doi.org/10.1007/978-3-662-65836-9_6

die Überschuldung aufgehoben ist und weiterer finanzieller Spielraum bleibt. Ähnlich wirkt die Verpflichtung zur Einzahlung von Nachschüssen, sofern dies in der Satzung entsprechend geregelt und somit machbar ist. Auch eine Einzahlung von neuem Kapital in die Kapitalrücklagen hätte eine ähnliche Funktion. Sie führt zu einer „Bilanzverlängerung" mit der Folge der Erhöhung des Kapitals bei entsprechender Mehrung des Aktivpostens Bank.

- Gesellschafterdarlehen und Rangrücktritt

  Ein Gesellschafterdarlehen beseitigt vielleicht eine (drohende) Zahlungsunfähigkeit, ist aber allein ungeeignet, eine insolvenzrechtliche Überschuldung zu beseitigen. Die Gesellschaft muss zusätzlich mit dem Gesellschafter vereinbaren, dass dieser mit seiner Darlehens Forderung hinter die Forderungen aller anderen Gläubiger in der Weise zurücktritt, dass seine Forderungen nur aus künftigen Jahresüberschüssen, aus einem Liquidationsüberschuss oder sonstigen freien Vermögen getilgt werden darf. Im Unterschied zur Stammkapitalerhöhung ist ein Gesellschafterdarlehen nicht dauerhaft gebunden, sondern kann leichter aus der Gesellschaft wieder abgezogen werden, wenn die Krise überwunden ist.

- Bürgschaft eines Gesellschafters und Rangrücktritt

  In Betracht kommt die Erteilung einer Bürgschaft eines GmbH-Gesellschafters gegenüber einem Gläubiger der GmbH, verbunden mit der Verpflichtung gegenüber der Gesellschaft, diesen freizustellen. Sofern der Gesellschafter hinsichtlich seines Rückgriffsanspruchs gegen die GmbH einen Rangrücktritt erklärt und er wirtschaftlich auch in der Lage ist, den GmbH-Gläubiger zu befriedigen, braucht die GmbH die betreffende Verbindlichkeit in einem Überschuldungsstatus nicht zu berücksichtigen.

- Rangrücktritt eines Gläubigers

  Die Gesellschaft kann mit einem Gläubiger vereinbaren, dass dieser mit seinen Forderungen hinter die Forderungen aller anderen Gläubiger in der Weise zurücktritt, dass seine Forderungen nur aus künftigen Jahresüberschüssen, aus einem Liquidationsüberschuss oder sonstigem freien Vermögen zu tilgen seien. Zivilrechtlich führt ein Rangrücktritt nicht zum Erlöschen der Verbindlichkeit, sondern die Gesellschaft schuldet dem Gläubiger nach wie vor den Rückzahlungsbetrag. Allerdings ist die Fälligkeit beseitigt und die vom Rangrücktritt umfasste Verbindlichkeit muss nicht in einem Überschuldungsstatus berücksichtigt werden.

- Forderungsverzicht mit Besserungsklausel

  Darunter versteht man einen Erlassvertrag, bei dem die Verbindlichkeit unter der auflösenden Bedingung erlassen wird, dass der Schuldner sie einschließlich Zinsen erfüllt, wenn die Sanierung eingetreten ist. Hiermit wird das gleiche Ziel verfolgt wie mit dem Rangrücktritt. Allerdings wird hier die Verbindlichkeit tatsächlich – wenn auch bedingt – erlassen, sodass die Forderung zunächst erlischt. Ist die Sanierung eingetreten, d. h. die Überschuldung überwunden, lebt die Verbindlichkeit wieder auf. Eine erloschene Verbindlichkeit ist natürlich erst recht nicht in einen Überschuldungsstatus einzustellen. Allerdings ist Vorsicht im Hinblick auf die steuerlichen Auswirkungen eines Forderungsverzichts geboten, da hierdurch ein Sanierungs(buch) gewinn und damit eine Steuerlast entstehen kann.

Ein weiterer Schwerpunkt der Risikovorsorge in der Krise einer GmbH muss für jeden Geschäftsführer die Sicherung der Abführung der Arbeitnehmerbeiträge zur Sozialversicherung sein. Hier muss der Geschäftsführer notfalls Gehälter anteilig kürzen und durch eine entsprechende Tilgungsbestimmung bei Zahlung an die Einzugsstellen sicherstellen, dass die Zahlung vorrangig auf die fälligen Arbeitnehmeranteile zu verrechnen ist.

Der Geschäftsführer sollte in einer Krisensituation auch die Buchhaltung der Gesellschaft genau überwachen. Zu seinen Pflichten gehört es, sich in der finanziellen Krise des Unternehmens über die Einhaltung von erteilten Anweisungen zur pünktlichen Zahlung fälliger Arbeitnehmerbeiträge zur Sozialversicherung durch geeignete Maßnahmen zu vergewissern. Ein Irrtum des Geschäftsführers über den Umfang seiner Pflicht zur Überwachung einer an die Buchhaltung erteilten Anweisung zur Zahlung fälliger Arbeitnehmerbeiträge ist nur ein Verbotsirrtum, der i. d. R. den Vorsatz hinsichtlich des Vorenthaltens dieser Beiträge nicht entfallen lässt.

Bei mehreren Geschäftsführern einer GmbH führt auch eine ausdrückliche interne Zuständigkeitsregelung in nachprüfbarer Form nicht zu einer völligen Aufhebung ihrer Verantwortlichkeit. Grundsätzlich ist jeder Geschäftsführer für alle Angelegenheiten der Gesellschaft – mithin auch für die ordnungsgemäße Abführung der Sozialversicherungsbeiträge – verantwortlich. Der primär für die Lohnbuchhaltung nicht zuständige technische Geschäftsführer haftet kraft dieser Allzuständigkeit gleichwohl für gewisse Überwachungspflichten, die ihn zum Eingreifen veranlassen müssten. Eine solche Überwachungspflicht kommt vor allem in finanziellen Krisensituationen zum Tragen, in denen die laufende Erfüllung der Verbindlichkeiten nicht mehr gewährleistet erscheint. Entscheidend für die Frage der (bedingt vorsätzlichen) Verletzung dieser Überwachungspflicht ist, ob der intern zuständige Geschäftsführer zu den jeweiligen Fälligkeitszeitpunkten Kenntnis von der Finanzkrise der Gesellschaft hatte und ob es für ihn Anhaltspunkte dafür gab, dass die pünktliche und vollständige Abführung der Sozialversicherungsbeiträge durch den intern dafür zuständigen Mitgeschäftsführer nicht mehr gewährleistet war. Wird für den aufgrund der innergesellschaftlichen Zuständigkeitsregelungen an sich nicht zuständigen Geschäftsführer offenbar, dass die Gesellschaft ihren Verpflichtungen nicht mehr nachkommt, muss er zur Vermeidung einer persönlichen Haftung selbst die nötigen Maßnahmen veranlassen.

Im Hinblick auf die von der Gesellschaft zu zahlenden Steuern ist der Geschäftsführer zur Meidung einer eigenen Haftung gehalten, dass Steuerschulden grundsätzlich in etwa demselben Verhältnis getilgt werden, wie die übrigen Verbindlichkeiten des Gesellschaft. Dies bedeutet, dass der Geschäftsführer seine gegenüber der Finanzverwaltung obliegende Verpflichtung verletzt, wenn er andere Gläubiger in größerem Umfang oder bevorzugt befriedigt. Auch insofern entlastet eine Aufteilung der Verantwortlichkeiten in der Geschäftsführung den einzelnen Geschäftsführer letztlich nicht; unabhängig davon, welche Aufgaben er im Rahmen einer Aufgabenverteilung wahrzunehmen hat. Dies gilt erst recht beim Einsatz unterstellter Mitarbeiter oder Dritter, für deren Auswahl und Überwachung der Geschäftsführer immer zuständig bleibt.

Zum 01.01.2021 trat im Rahmen des Gesetzes zur Fortentwicklung des Sanierungs- und Insolvenzrechts (SanInsFoG) das Gesetz über den Stabilisierungs- und Restrukturierungsrahmen für Unternehmen (Unternehmensstabilisierung- und -restrukturierungsgesetz – StaRUG) in Kraft. Damit setzte der deutsche Gesetzgeber EU-Recht über präventive Restrukturierungsrahmen (Restrukturierungsrichtlinie) um. Mit dem StaRUG wurde erstmals rechtsformübergreifend eine Pflicht für Geschäftsführer von haftungsbeschränkten Unternehmensträgern (Geschäftsleiter) zur Krisenfrüherkennung und zum Krisenmanagement kodifiziert. Anerkanntermaßen entstehen Unternehmenskrisen in der Regel nicht „plötzlich", sondern entwickeln sich häufig schleichend über einen langen Zeitraum. Durch zu spätes Erkennen einer fortschreitenden Krise und (falsches) Zuwarten oder (ebenso möglicherweise falsches) Handeln können eine akute Existenzgefährdung für das Unternehmen, damit verbundene Nachteile für die Gläubiger sowie umfangreiche Haftungsgefahren für die Geschäftsleiter drohen.

Das StaRUG normiert Vorgaben zur Risikofrüherkennung und Risikobewältigung, um auf eine frühere Ergreifung von notwendigen Sanierungsmaßnahmen hinzuwirken. Zur Umsetzung von Sanierungsmaßnahmen stellt es das Instrument des Restrukturierungsplans bereit, das sich an den Vorschriften für Insolvenzpläne orientiert. Dabei müssen im Gegensatz zum Insolvenzplan nicht alle Gläubiger einbezogen werden. Der Schuldner entscheidet, welche Forderungen und Rechte im Plan restrukturiert werden sollen. Über den Restrukturierungsplan können die Gläubiger gerichtlich oder außergerichtlich abstimmen. Dabei ist es unter bestimmten Voraussetzungen möglich, Gläubiger zu überstimmen.

Das StaRUG führt ein neues Gericht ein: das Restrukturierungsgericht, dessen Aufgaben das örtliche Insolvenzgericht übernimmt. Neu ist auch der Restrukturierungsbeauftragte.

Zugangsvoraussetzung für die Nutzung der meisten Instrumente des StaRUG ist die drohende Zahlungsunfähigkeit, für die der Gesetzgeber einen Prognosezeitraum definiert hat: erforderlich ist eine Prognose von 24 Monaten, weshalb für die Nutzung einer Restrukturierung eine Liquiditätsplanung über diesen Zeitraum Voraussetzung sein dürfte.

Vor einer drohenden Zahlungsunfähigkeit ermöglicht das StaRUG eine Sanierungsmoderation. Dabei geht es um die Erarbeitung eines Schuldenbereinigungsvergleichs, und zwar im Konsens mit den einbezogenen Gläubigern. Für die Sanierungsmoderation bestellt das Gericht auf Antrag eine geeignete Person zum Sanierungsmoderator, dessen Aufgabe es ist, zwischen dem Schuldner und seinen Gläubigern zu vermitteln, um eine Lösung für dessen wirtschaftliche Schwierigkeiten zu ermöglichen. In dem Antrag sind der Gegenstand des Unternehmens und die Art der wirtschaftlichen und finanziellen Schwierigkeiten anzugeben. Außerdem muss ein Verzeichnis der Gläubiger enthalten und eine Erklärung, dass die Gesellschaft nicht zahlungsunfähig oder überschuldet ist. Die Bestellung erfolgt für einen Zeitraum von bis zu drei Monaten und kann für drei weitere Monate verlängert werden. Der entscheidende Vorteil gegenüber einem Schuldenbereinigungsvergleich außerhalb des StaRUG ist, dass durch die gerichtliche Bestätigung des Sanierungsvergleiches dessen Anfechtbarkeit nach insolvenzrechtlichen

Vorschriften weitgehend ausgeschlossen ist, falls es später doch noch zu einer Insolvenz des Schuldners kommt.

Kernstück des StaRUG ist aber der Restrukturierungsplan, in den nicht sämtliche Gläubiger einbezogen werden müssen. Der Geschäftsführer kann wählen, wessen Forderungen er restrukturieren möchte. Diese sind die Gläubiger, die als Planbetroffene über den Restrukturierungsplan abstimmen können. Die Abstimmung erfolgt in Anlehnung an die Regelungen der Insolvenzordnung zum Insolvenzplan in Gläubigergruppen. Zu unterscheiden sind mindestens gesicherte und ungesicherte Gläubiger, im Insolvenzverfahren nachrangige Gläubiger sowie Anteilseigner.

Die Erarbeitung eines Restrukturierungsplanes kann erfordern, die Situation des Unternehmens zunächst zu stabilisieren, um Zeit für die Planerstellung zu gewinnen. Zugleich muss in dieser Phase gesichert sein, dass einzelne Gläubiger die Planerarbeitung nicht dadurch gefährden, dass sie sich Vorteile zu verschaffen versuchen, indem sie in Vermögen des Unternehmens vollstrecken, es verwerten, bestehende Verträge wegen eines Rückstands beenden oder die Leistung aus einem bestehenden Vertrag verweigern. Die StaRUG sieht hierfür eine Vollstreckungs- und Verwertungssperre für drei Monate vor, die auf Antrag durch das Restrukturierungsgericht angeordnet werden kann. Dem Antrag ist der Entwurf des Restrukturierungsplans und ein Finanzplan über sechs Monate beizufügen.

Nicht gestaltbar im Restrukturierungsplan sind Forderungen und sonstige Rechte von Arbeitnehmern, insbesondere Anwartschaften aus betrieblicher Altersversorgung. Der Gesetzgeber vertritt insoweit die Auffassung, dass die Krise typischerweise bereits zu weit fortgeschritten sei, um sie mit den Instrumenten des StaRUG abzuwenden, wenn Löhne und Gehälter nicht mehr bezahlt werden können. Zugleich ist die betriebliche Altersversorgung ausdrücklich ausgeklammert.

Auflösung, Liquidation, Insolvenz der GmbH

Die GmbH wird gemäß § 60 GmbHG in folgenden Fällen aufgelöst:

- durch Ablauf der im Gesellschaftsvertrag bestimmten Zeit;
- durch Beschluss der Gesellschafter mit einer Mehrheit von drei Vierteln der abgegebenen Stimmen;
- durch die Eröffnung eines Insolvenzverfahrens über ihr Vermögen;
- mit der Rechtskraft eines Beschlusses, durch den die Eröffnung eines Insolvenzverfahrens mangels Masse abgelehnt worden ist;
- durch die Löschung der Gesellschaft wegen Vermögenslosigkeit.

Die Insolvenz eines Gesellschafters hat keine Auswirkungen auf den Bestand der Gesellschaft.

Die Auflösung der Gesellschaft führt nicht zur (Voll)Beendigung der Gesellschaft. Die GmbH besteht als juristische Person zunächst fort, wobei der Gesellschaftszweck nun nicht mehr auf Gewinnerzielung, sondern auf Abwicklung der Gesellschaft gerichtet ist (GmbH in Liquidation oder GmbH i.L.).

7.1 Liquidationsverfahren

Die Phase der Abwicklung ist die Liquidation. Dieses Verfahren dient dazu, die laufenden Geschäfte zu beenden, die Gesellschaftsgläubiger zu befriedigen, Forderungen der Gesellschaft einzuziehen, das Gesellschaftsvermögen in Geld umzusetzen sowie eventuell verbleibendes Vermögen unter den Gesellschaftern zu verteilen. Die Gläubiger sind durch Bekanntmachung im Bundesanzeiger aufzufordern ihre Forderungen gegenüber der Gesellschaft geltend zu machen (sog. Gläubigeraufruf).

© Springer-Verlag GmbH Deutschland, ein Teil von Springer Nature 2022
A. Sattler et al., *Der Ingenieur als GmbH-Geschäftsführer*,
https://doi.org/10.1007/978-3-662-65836-9_7

Vor Ablauf eines Jahres nach der Bekanntmachung (Sperrjahr) ist eine Verteilung von Gesellschaftsvermögen an die Gesellschafter ausgeschlossen. Die Liquidation erfolgt im Regelfall durch die Geschäftsführer, wobei für die Person des Liquidators die gleichen Ausschlussgründe wie für Geschäftsführer gelten.

Die Firma ist während der Liquidation mit dem Liquidationszusatz „i. L." zu zeichnen, um den Rechtsschein einer werbenden Gesellschaft zu vermeiden.

Die Beendigung der Gesellschaft tritt – vergleichbar mit ihrer Entstehung durch Eintragung – erst durch ihre Löschung aus dem Handelsregister ein. Die Löschung kann erst nach Ablauf des Sperrjahres erfolgen. Die Folge der Löschung ist, dass die GmbH als juristische Person nicht mehr existiert.

Wurde ein Vermögensgegenstand bei der Liquidation vergessen, kommt eine sog. Nachtragsliquidation in Betracht.

Weitaus eleganter ist die Verschmelzung einer zu liquidierenden Gesellschaft auf ihren Alleingesellschafter oder eine andere Gesellschaft nach dem Umwandlungsgesetz, weil hierdurch der Aufwand der Liquidation, insbesondere das Sperrjahr und die laufenden Jahresabschlüsse entfallen. Die GmbH erlischt mit Eintragung der Verschmelzung im Handelsregister, ohne dass es auf ihre Vermögenslosigkeit ankäme. Allerdings wird der Zielrechtsträger der Verschmelzung bzw. der Alleingesellschafter Rechtsnachfolger der GmbH und haftet für etwa noch bestehende Verbindlichkeiten der Gesellschaft. Die Verschmelzung als Alternative zur Liquidation kommt daher nur in Betracht, wenn Risiken ausgeschlossen werden können.

7.2 Insolvenzverfahren

Liegt ein Insolvenzgrund vor, ist der Geschäftsführer gesetzlich verpflichtet beim zuständigen Insolvenzgericht einen Antrag auf Eröffnung des Insolvenzverfahrens über das Vermögen der Gesellschaft zu stellen. Dabei sind die Anforderungen des § 13 InsO (Inhalt des Insolvenzantrages) zu beachten.

Das Insolvenzverfahren wird nur auf schriftlichen Antrag eröffnet. Dem Antrag ist ein Verzeichnis der Gläubiger und ihrer Forderungen beizufügen. Wenn der Schuldner einen Geschäftsbetrieb hat, der nicht eingestellt ist, sollen in dem Verzeichnis besonders kenntlich gemacht werden die höchsten Forderungen, die höchsten gesicherten Forderungen, die Forderungen der Finanzverwaltung, die Forderungen der Sozialversicherungsträger sowie die Forderungen aus betrieblicher Altersversorgung.

Es sind zudem Angaben zur Bilanzsumme, zu den Umsatzerlösen und zur durchschnittlichen Zahl der Arbeitnehmer des vorangegangenen Geschäftsjahres zu machen und die Erklärung beizufügen, dass die enthaltenen Angaben richtig und vollständig sind.

Sofern für die Antragstellung ein Formular eingeführt wurde, muss dieses benutzt werden.

Das Insolvenzgericht muss in der Lage sein aufgrund der Angaben im Antrag das Vorliegen eines Insolvenzgrundes zu prüfen.

Der Antrag kann zurückgenommen werden, bis das Insolvenzverfahren eröffnet oder der Antrag rechtskräftig abgewiesen ist.

Da nach § 15a Abs. 4 InsO wegen Insolvenzverschleppung auch bestraft werden kann, wer einen Insolvenzantrag „nicht richtig" stellt, ist dem Geschäftsführer zu raten, sich genau an den Vorgaben des § 13 InsO zu orientieren und nötigenfalls fachkundige Hilfe in Anspruch zu nehmen.

Das Insolvenzverfahren gliedert sich im Wesentlichen in zwei Verfahrensabschnitte. Im sogenannten Insolvenzeröffnungsverfahren, d. h. im Zeitraum zwischen Antragstellung und tatsächlicher Eröffnung des Insolvenzverfahrens, prüft das Insolvenzgericht das Vorliegen der Verfahrensvoraussetzungen, insbesondere, ob ein Insolvenzgrund vorliegt und die Kosten des Verfahrens voraussichtlich gedeckt sind. Ist dies der Fall, so wird das Insolvenzverfahren eröffnet.

7.2.1 Eröffnungsverfahren

Durch ein Insolvenzeröffnungsverfahren ändert sich an der Position des Geschäftsführers einer GmbH zunächst nichts. Der Geschäftsführer bleibt Organ der Gesellschaft mit allen Rechten und Pflichten, führt die Geschäfte der GmbH und vertritt diese. Etwas anderes gilt nur, wenn durch das Insolvenzgericht ein vorläufiger Insolvenzverwalter bestellt wurde. Bei Bestellung eines sog. starken vorläufigen Insolvenzverwalters geht die Handlungsbefugnis auf diesen über, bei Bestellung eines sog. schwachen vorläufigen Insolvenzverwalters bleibt der Geschäftsführer handlungsbefugt, allerdings in der Regel unter Zustimmungsvorbehalt durch den vorläufigen Insolvenzverwalter.

Der Pflichtenkreis des Geschäftsführers wird durch die Insolvenzordnung erweitert. Der Geschäftsführer wird auskunftspflichtig nach §§ 101 Abs. 1, 20 Abs. 1 InsO gegenüber dem Insolvenzgericht und – wenn ein solcher bestellt ist – nach § 22 Abs. 3 Satz 3 InsO auch gegenüber dem vorläufigen Insolvenzverwalter. Dabei bedeutet Auskunft nicht lediglich, dass der Geschäftsführer mündliche Auskünfte geben muss; vielmehr umfasst die Auskunftspflicht auch alle damit verbundenen Vorarbeiten, Recherchen, das Zusammenstellen von Unterlagen und die Gewährung der Einsicht in Bücher und Geschäftspapiere. Auskunftspflichtig ist jeder Geschäftsführer persönlich, welcher nicht früher als zwei Jahre vor dem Insolvenzantrag aus der GmbH ausgeschieden ist. Dies bedeutet, dass die Auskunftspflicht nicht nur die aktuellen Geschäftsführer, bezogen auf den Zeitpunkt des Antrages betrifft, sondern ggf. auch andere Geschäftsführer, die in dem Zweijahreszeitraum vor Antragstellung als Geschäftsführer der GmbH tätig waren. Dabei ist jeder Geschäftsführer verpflichtet, sich auf Anordnung des Insolvenzgerichtes jederzeit zur Verfügung zu stellen. Der Geschäftsführer kann seine Anwesenheit nicht etwa von der Erstattung von Reisekosten und Auslagen abhängig machen. Im Einzelfall kann dies einen ehemaliger Geschäftsführer, der zwischenzeitlich an einem anderen weit entfernten Ort für eine andere Gesellschaft tätig ist, durchaus hart treffen, wenn das Insolvenzgericht die Auskunftspflicht nachhaltig einfordert.

Über die Auskunftspflicht hinaus begründet § 97Abs. 2 InsO eine Mitwirkungspflicht des Geschäftsführers. Darüber hinaus hat der Geschäftsführer alles zu unterlassen, was dem Verfahrenszweck zuwider läuft (passive Mitwirkungspflicht). Die Mitwirkungspflicht sowie die Bereitschaft und Anwesenheitspflicht bestehen – anders als die Auskunftspflicht – nicht für die Geschäftsführer, die vor Antragstellung aus dem Amt ausgeschieden sind.

Kommt ein Geschäftsführer seiner Auskunfts- und Mitwirkungspflicht nicht nach, so kann das Insolvenzgericht Zwangsmittel nach § 98 InsO verhängen, indem es dem Geschäftsführer eine Versicherung an Eides statt abnimmt, dass die von ihm erteilten Auskünfte vollständig und richtig sind; das Insolvenzgericht kann jeden Geschäftsführer zwangsweise vorführen lassen und schließlich kann es auch Haft anordnen, wenn der Geschäftsführer seinen Pflichten schuldhaft nicht nachkommt. Die eidesstattliche Versicherung ist nach § 156 StGB strafbewehrt. Unrichtige Angaben über den Vermögensbestand können eine Strafbarkeit des Geschäftsführers nach § 283 Abs. 1 Nr. 1 StGB auslösen.

§ 99 InsO ermächtigt das Insolvenzgericht auf Antrag des Insolvenzverwalters oder von Amts wegen, eine Postsperre zu verhängen. Dies ist für den Geschäftsführer durchaus unangenehm, weil die gesamte Post, also auch die Privatpost, zum Insolvenzverwalter umgeleitet wird.

Dem Geschäftsführer stehen im Insolvenzeröffnungsverfahren über das Vermögen der GmbH auch Verfahrensrechte zu, z. B. das Einlegen von Rechtsmitteln in den Fällen, in denen die Insolvenzordnung solche vorsieht. Bei einem Gläubigerantrag ist der Geschäftsführer als Antragsgegner anzuhören.

Der Geschäftsführer ist befugt, nach § 4 InsO in Verbindung mit § 299 Abs. 1 ZPO Akteneinsicht zu verlangen. Er hat aber keinen Auskunftsanspruch gegen den vorläufigen Insolvenzverwalter und muss sich ggf. an das Insolvenzgericht wenden und dieses um Einschreiten bitten.

7.2.2 Das eröffnete Verfahren

Auch im eröffneten Insolvenzverfahren bleibt die Rechtstellung des Geschäftsführers zunächst unangetastet. Der Dienstvertrag des Geschäftsführers ist jedoch gefährdet, da der Insolvenzverwalter nach § 113 Abs. 1 InsO berechtigt ist, ohne Rücksicht auf die vereinbarte Dauer des Dienstvertrages oder einen etwaigen vertraglich vereinbarten Ausschluss eines ordentlichen Kündigungsrechts mit einer Frist von höchstens 3 Monaten zum Monatsende zu kündigen, sofern nicht eine kürzere vertragliche Frist eingreift. Da durch die Kündigung des Dienstvertrages die organschaftliche Stellung des Geschäftsführers nicht berührt wird, hat dies zur Folge, dass sämtliche Verfahrenspflichten, die der Geschäftsführer im eröffneten Verfahren zu erfüllen hat, von ihm trotz Beendigung seines Anstellungsvertrages weiter zu erfüllen sind. Vergütungsansprüche, die dem Geschäftsführer für die Zeit ab Verfahrenseröffnung zustehen, sind bis zum

Wirksamwerden der Kündigung durch den Insolvenzverwalter gemäß § 55 Abs. 1 Nr. 2 InsO sonstige Masseverbindlichkeiten.

Darüber hinaus kann dem Geschäftsführer ein Schadensersatzanspruch nach § 103 Abs. 2 Satz 1 InsO bei der Kündigung des Dienstvertrages durch den Insolvenzverwalter zustehen. Dieser stellt jedoch nur eine einfache Insolvenzforderung im Sinne von § 38 InsO dar und ist im Regelfall kein Äquivalent für den Verlust der Bezüge.

Im eröffneten Insolvenzverfahren ist die Auskunftspflicht des Geschäftsführers erheblich erweitert; er muss Auskunft nicht nur gegenüber dem Insolvenzgericht, dem Insolvenzverwalter, sondern auch gegenüber dem Gläubigerausschuss und auf Anordnung des Insolvenzgerichts der Gläubigerversammlung geben.

Unbeschränkte Auskunftspflicht bedeutet auch Pflicht zur Offenbarung eigener strafbarer Handlungen. Ein Aussageverweigerungsrecht steht dem Geschäftsführer nicht zu. Er hat auch die Tatsachen anzugeben, die ihn der Gefahr einer Strafverfolgung aussetzen. Der Gesetzgeber hat die Zwangssituation des Geschäftsführers erkannt und den Interessenkonflikt zwischen dem Interesse der Gläubiger an einer vollständigen und richtigen Auskunft und dem Interesse des Geschäftsführers, sich vor eigener Strafverfolgung zu schützen, dahingehend gelöst, dass derartige Tatsachen, die den Geschäftsführer der Gefahr einer Strafverfolgung aussetzen, gegen ihn in einem Verfahren nur mit seiner Zustimmung verwendet werden dürfen (§ 20 Abs. 1 Satz 2, § 97 Abs. 1 Satz 3 InsO). Der Gesetzgeber verpflichtet den Geschäftsführer also wahrheitsgemäß und vollständig auszusagen und verhängt anschließend ein Verwendungsverbot. Im Insolvenzverfahren besteht eine erweiterte Mitwirkungspflicht des Geschäftsführers, der unabhängig von der Kündigung oder der Beendigung seines Anstellungsvertrages den Insolvenzverwalter ohne Vergütung bei seiner Arbeit zu unterstützen hat. Nur wenn diese Mitarbeit ein solches Ausmaß erreicht, dass dem Geschäftsführer jede anderweitige Vollzeittätigkeit unmöglich gemacht ist, muss der Insolvenzverwalter dem Geschäftsführer eine angemessene Vergütung aus der Masse zahlen.

Kauf und Verkauf von GmbH-Anteilen

Es gibt viele Gründe, warum Anteile einer GmbH veräußert werden.

Einer der häufigsten ist das Ausscheiden eines Gesellschafters, z. B. aus Altersgründen. Wurde im Gesellschaftervertrag festgelegt, dass nur für die Gesellschaft tätige Personen oder Personen mit einer bestimmten Qualifikation dem Gesellschafterkreis angehören dürfen, ist eine Übertragung zwingend. Häufig ist es bei Ingenieurgesellschaften der Fall, dass ausschließlich Ingenieure, die in einem ungekündigten Dienstverhältnis mit der Gesellschaft stehen, Gesellschafter sein können.

Nicht selten verhindern persönliche Konflikte zwischen Gesellschaftern eine produktive Zusammenarbeit. Leidet darunter das Betriebsklima, kann sich das auf das operative Geschäft auswirken und der Gesellschafterstreit den Unternehmenserfolg, d. h. die wirtschaftliche Grundlage gefährden. Eine Lösung liegt meist darin, dass einer der zerstrittenen Gesellschafter das Unternehmen verlässt und seine Geschäftsanteile verkauft.

Dabei kann unter den Voraussetzungen des § 33 GmbHG auch die Gesellschaft eigene Geschäftsanteile an sich selbst erwerben, wenn diese voll eingezahlt sind und im Zeitpunkt des Erwerbs eine Rücklage in Höhe der Aufwendungen für den Erwerb gebildet werden kann, ohne das bilanzielle Stammkapital oder eine nach dem Gesellschaftsvertrag zu bildende Rücklage zu mindern.

Besonders interessant ist für Geschäftsführer das sog. „Management-Buy-out". Dabei erwerben bislang nur angestellte Geschäftsführer oder leitende Mitarbeite GmbH-Anteile von den Altgesellschaftern, z. B. in Familiengesellschaften ohne geeigneten Nachfolger für eine Weiterführung des Unternehmens im Familienkreis.

Sowohl die Verpflichtung zur Abtretung (Kaufvertrag) als auch die Abtretung von Geschäftsanteilen selbst (dingliche Übertragung) bedürfen der notariellen Beurkundung.

Grundsätzlich sind Geschäftsanteile veräußerlich und vererblich und behalten ihre Selbstständigkeit gemäß der lfd. Nummer in der Gesellschafterliste, selbst wenn ein

© Springer-Verlag GmbH Deutschland, ein Teil von Springer Nature 2022
A. Sattler et al., *Der Ingenieur als GmbH-Geschäftsführer,*
https://doi.org/10.1007/978-3-662-65836-9_8

Gesellschafter mehrere Geschäftsanteile hält. So kann auch ein Alleingesellschafter 25.000 Geschäftsanteile im Nennbetrag zu je 1,- € besitzen.

Durch den Gesellschaftervertrag kann die Abtretung der Geschäftsanteile aber an weitere Voraussetzungen geknüpft werden, insbesondere von der Genehmigung der Gesellschaft abhängig gemacht werden (sog. Vinkulierung). In der Regel werden Vorkaufsrechte vereinbart oder in der Satzung verankert, dass zur Geschäftsanteilsabtretung entweder die Genehmigung der Gesellschafterversammlung mit einer bestimmten (qualifizierten) Mehrheit erforderlich ist oder aber die schriftliche Zustimmung aller Mitgesellschafter. Im Fall eines notwendigen Gesellschafterbeschlusses besteht kein Stimmverbot für den betroffenen Gesellschafter, d. h. der Mehrheitsgesellschafter kann seinen eigenen Verkauf genehmigen.

Die Beschränkung der Übertragbarkeit im Gesellschaftsvertrag ist in der Praxis die Regel. Auf diese Weise bleibt die Zusammensetzung des Gesellschafterkreises kontrollierbar.

Bei jeder Veränderung im Gesellschafterbestand muss zwingend die Gesellschafterliste im Handelsregister aktualisiert werden, da ein Gesellschafter im Verhältnis zur Gesellschaft nur dann als Gesellschafter gilt, wenn er in dieser eingetragen ist. Dies ist insbesondere entscheidend für sein Stimmrecht.

Im Falle der rechtsgeschäftlichen Übertragung unter Mitwirkung eines inländischen Notars, trifft diesen die Pflicht, eine neue Gesellschafterliste zum Handelsregister einzureichen. Den Geschäftsführer trifft diese Pflicht, wann immer kein inländischer Notar an einer Veränderung mitgewirkt hat. Es liegt dann in seiner Verantwortung, die Gesellschafterliste zu unterschreiben und beim Handelsregister elektronisch einzureichen. Praktische Anwendungsfälle sind etwa Veränderungen durch Erbfolge oder eine schlichte Namens- und Wohnortänderungen der Gesellschafter. Die Änderung der Gesellschafterliste erfolgt auf Mitteilung und Nachweis durch die Gesellschafter. Verstößt der Geschäftsführer gegen diese Pflicht, haftet er für entstandenen Schaden gegenüber den betroffenen Gesellschaftern und den Gläubigern der Gesellschaft.

Aufgrund der Beurkundungspflicht ist die Übertragung von GmbH-Anteilen im Gegensatz zur Übertragung von Aktien aufwändiger. Deshalb eignet sich die GmbH weniger für größere Gesellschafterkreise bzw. Gruppen als die (kleine) Aktiengesellschaft.

8.1   Risiken beim Erwerb und Halten eines GmbH-Anteils

Die Rechtsform der GmbH wird nach wie vor gern gewählt, weil sich Gesellschafter und Geschäftsführer vor Haftungsansprüchen sicher fühlen. Gesellschafter, die einen GmbH-Anteil erwerben oder halten, denken vielfach, dass beim Erwerb eines GmbH-Anteils keine Haftungsgefahren aus der Gesellschafterstellung drohen. Leider ist dies ein Irrtum.

Gemäß § 16 Abs. 2 GmbHG haftet der Erwerber eines Geschäftsanteils für Einlageverpflichtungen, die in dem Zeitpunkt rückständig sind, ab dem der Erwerber im Verhältnis zur Gesellschaft als Inhaber des Geschäftsanteils gilt.

Gemäß § 19 Abs. 6 GmbHG verjährt der Anspruch der GmbH auf Leistungen der Einlagen innerhalb von 10 Jahren von seiner Entstehung an. Wird das Insolvenzverfahren über das Vermögen der Gesellschaft eröffnet, so tritt die Verjährung nicht vor Ablauf von 6 Monaten ab dem Zeitpunkt der Eröffnung ein.

Gemäß § 22 GmbHG haftet sogar der letzte und jeder frühere Rechtsvorgänger eines ausgeschlossenen Gesellschafters, der seine Einlageverpflichtung nicht erfüllt hat. Allerdings haftet der frühere Rechtsvorgänger nur subsidiär, d. h. soweit die Zahlung von dessen Rechtsvorgänger nicht zu erlangen ist. Die Haftung des Rechtsvorgängers ist auf die innerhalb der Frist von 5 Jahren auf die Einlageverpflichtung eingeforderten Leistungen beschränkt.

Soweit Leistung auf die Geschäftsanteile weder von den Zahlungspflichtigen eingezogen noch durch Verkauf des Geschäftsanteils gedeckt werden kann, haben die übrigen Gesellschafter den Fehlbetrag nach Verhältnis ihrer Geschäftsanteile aufzubringen. Beiträge, welche von den einzelnen Gesellschaftern nicht zu erlangen sind, werden nach dem bezeichneten Verhältnis auf die übrigen verteilt § 24 GmbHG.

Das Risiko beim Erwerb eines GmbH-Anteils ist folglich höher, je höher das Stammkapital ist.

Jedem Käufer eines GmbHG-Anteils ist daher zu raten, vor Erwerb eine sorgfältige Due Diligence durch einen qualifizierten Berater bzw. Dienstleister durchführen zu lassen und sich im Kaufvertrag über den Erwerb eines GmbH-Anteils entsprechende Zusicherungen und Garantien geben zu lassen.

Des Weiteren besteht die Gefahr, GmbH-Anteile von Nichtberechtigten zu erwerben. Ein Erwerber kann zwar grundsätzlich vom Nichtberechtigten einen Geschäftsanteil wirksam erwerben, wenn der Veräußerer als Inhaber des Geschäftsanteils in der im Handelsregister aufgenommenen Gesellschafterliste eingetragen ist (vgl. § 16 Abs. 3 S. 1 GmbHG). Dies gilt aber nicht, wenn die Liste zum Zeitpunkt des Erwerbs hinsichtlich des Geschäftsanteils weniger als 3 Jahre unrichtig und die Unrichtigkeit den Berechtigten nicht zuzurechnen ist oder dem Erwerber die mangelnde Berechtigung bekannt oder in Folge grober Fahrlässigkeit unbekannt ist oder der Liste ein Widerspruch zugeordnet ist. In derartigen Fällen scheitert der Rechtserwerb unweigerlich.

Ein weiteres Risiko beim Anteilskauf tritt beim sog. Management-Buy-out auf. Dabei erwirbt z. B. ein Geschäftsführer, der bisher keine GmbH-Anteile hielt, als Organ der Gesellschaft erstmalig GmbH-Anteile. Oft gerät er dabei in einen Interessenkonflikt.

Einerseits besteht aufgrund seiner Geschäftsführertätigkeit eine Treupflicht gegenüber der GmbH, andererseits wird er versucht sein, seine eigenen Vorteile zu wahren. So hat es Fälle in der Vorbereitungsphase von Management-Buy-outs gegeben, in denen Fremdgeschäftsführer die Rechnung für eigene Beratung beim Management-Buy-out von externen Beratern aus der Kasse der GmbH bezahlt haben. Dies erfüllt den Straftatbestand der Untreue und rechtfertigt eine fristlose Kündigung dieses Geschäftsführers. Andererseits gab es Fälle, in denen Management-Buy-out-Anwärter ihr Engagement für die Gesellschaft reduziert haben, damit die Gesellschaft geringere Gewinne erzielt, dadurch ggf. der Unternehmenswert sinkt und somit auch der potenzielle Kaufpreis für den Anteil, den sie beabsichtigen zu erwerben.

8.2   Die GmbH kauft ihre eigenen Anteile

Die GmbH selbst kann als Käufer ihrer Anteile in Erscheinung treten. Dafür müssen jedoch wichtige Voraussetzungen erfüllt sein (vgl. § 33 GmbHG). Zum einen müssen auf die zu erwerbenden eigenen Geschäftsanteile die Einlagen vollständig geleistet sein. Ferner darf der Erwerb nur aus dem über dem Betrag des Stammkapitals hinaus vorhandenen Vermögen geschehen. Die Gesellschaft muss in der Lage sein, eine (fiktive) Rücklage in Höhe der für den Erwerb erforderlichen Aufwendungen bilden zu können, ohne das Stammkapital oder eine nach dem Gesellschaftsvertrag zu bildende Rücklage zu mindern. Bei der Beurteilung, ob eine GmbH über die entsprechenden Rücklagen verfügt, kommt es auf die Handelsbilanz zu Buchwerten an. Stille Reserven, z. B. im Anlagevermögen, werden nicht berücksichtigt. Das bedeutet, dass selbst bei großen stillen Reserven im Anlagevermögen, die die erforderlichen Rücklagen leicht zulassen würden, ein Erwerb der eigenen Anteile durch die GmbH nicht infrage kommt.

Beispiel

Ein Gesellschafter, der 20 % der Anteile hält und ausscheidet, soll zum Buchwert abgefunden werden. Der Geschäftsführer fragt sich, ob es zulässig ist, dass die GmbH diesen Anteil selbst erwirbt.

AKTIVA	
Anlagevermögen	2,0 Mio. €
Umlaufvermögen	3,1 Mio. €
Bilanzsumme	5,1 Mio. €
PASSIVA	
Stammkapital	1,0 Mio. €
Bilanzgewinn	0,1 Mio. €
Verbindlichkeiten	4,0 Mio. €
Bilanzsumme	5,1 Mio. €

Das gesamte Eigenkapital beträgt 1,1 Mio. € und besteht aus 1 Mio. € Stammkapital sowie dem Bilanzgewinn von 100.000 €. Im äußersten Fall könnte der Bilanzgewinn in eine entsprechende Rücklage umgewandelt werden. Dann ergäbe sich die Rücklage in einer maximalen Höhe von 100.000 €, wie es § 33 GmbHG vorschreibt. Der Buchwert vor einer Gewinnausschüttung beträgt jedoch 20 % von 1,1 Mio. €, somit 220.000 €.

Eine Rücklagenbildung für die geplante Transaktion wäre nur in Höhe von max. 100.000 € statt 220.000 € möglich. Somit ist der Erwerb der eigenen Anteile durch die GmbH nicht oder nur teilweise möglich. ◄

Solange die GmbH ihre eigenen Anteile hält, ruhen die damit verbundenen Rechte aus diesen eigenen Anteilen. Dieses Instrument wird des Öfteren genutzt, wenn z. B. einer der Gesellschafter oder Partner aus einem mittelständischen Unternehmen oder einer Ingenieurgesellschaft austritt. Ist zunächst kein Nachfolger für die GmbH-Anteile vorhanden, so kauft die GmbH ihre eigenen Anteile für den Zeitraum, bis zu dem ein geeigneter Kandidat für die Aufnahme in den Gesellschafterkreis gefunden wurde.

8.3 Übergang von GmbH-Anteilen im Erbfalle

Wie zuvor beschrieben, sind Geschäftsanteile grundsätzlich vererblich (vgl. § 15 Abs. 1 GmbHG). In der Regel ist im Gesellschaftsvertrag der GmbH eine Regelung für den Fall getroffen, dass ein Gesellschafter, der eine natürliche Person ist, verstirbt. Oft wünschen Gesellschafter nicht, dass durch einen Erbgang der Gesellschafterkreis eine nicht mehr zu kontrollierende Zusammensetzung erhält.

Für diesen Fall wird im Gesellschaftsvertrag festgelegt, dass die Gesellschaft oder die Gesellschafter vererbte Anteile innerhalb eine bestimmten Frist einziehen können. Manchmal ist vereinbart, dass von einer Einziehung dann abgesehen wird, wenn der Erbe bestimmte Voraussetzungen erfüllt, also z. B. Ingenieur ist und vielleicht sogar als Sohn des verstorbenen Gesellschafters bereits auch im Unternehmen arbeitet.

Es ist wichtig, die Satzung von Zeit zu Zeit daraufhin zu überprüfen, ob die Regelungen für den Erbfall noch zutreffend sind oder geändert werden sollten. Viele GmbHs haben in der Vergangenheit durch mehrfache Vererbung von Geschäftsanteilen erheblich gelitten. Gesellschaftsfremde Interessen werden so ggf. vermehrt in die Gesellschafterversammlungen hineingetragen, unternehmerisch sinnvolle Entscheidungen können ggf. nicht mehr getroffen werden oder es kommt im schlimmsten Fall zur Unführbarkeit der Gesellschaft.

Wird ein Geschäftsanteil von Erben zwangseingezogen, so hat der Erbe einen Anspruch auf eine entsprechende Abfindung, deren Höhe i. d. R. im Gesellschaftsvertrag festgelegt ist und nicht unangemessen niedrig sein darf.

Besonderheiten bei der Unternehmergesellschaft (haftungsbeschränkt)

Die Unternehmergesellschaft (haftungsbeschränkt) oder UG (haftungsbeschränkt) ist eine im Jahr 2008 neu eingeführte Unterform der GmbH. Nach den Vorstellungen des Gesetzgebers sollte sie eine Gründungsalternative zur Limited sein und insbesondere Existenzgründern ermöglichen, mit nur geringem Kapitaleinsatz dennoch eine Haftungsbeschränkung zu erlangen.

Obwohl die Einführung der Unternehmergesellschaft (haftungsbeschränkt) wegen der geringen Mindestkapitalausstattung insbesondere unter Gesichtspunkten des Gläubigerschutzes kritisiert worden ist, erfreut sich die „kleine GmbH" in der Praxis inzwischen einer gewissen Beliebtheit. Im Jahr 2018, d. h. 10 Jahre nach ihrer Einführung, gab es bundesweit bereits über 150.000 UG (haftungsbeschränkt).

Für die Unternehmergesellschaft gelten im Wesentlichen die Regelungen zur GmbH, allerdings mit nachfolgend beschriebenen Besonderheiten.

9.1 Höhe und Aufbringung des Stammkapitals

9.1.1 Höhe des Stammkapitals

Das Stammkapital der Unternehmergesellschaft (haftungsbeschränkt) kann zwischen 1 € und 24.999 € liegen, wobei bei mehreren Gesellschaftern das Stammkapital mindestens 1 € je Gesellschafter betragen muss, da jeder Gesellschaftsanteil auf mindestens 1 € zu lauten hat.

© Springer-Verlag GmbH Deutschland, ein Teil von Springer Nature 2022
A. Sattler et al., *Der Ingenieur als GmbH-Geschäftsführer*,
https://doi.org/10.1007/978-3-662-65836-9_9

Beispiel

A, B und C gründen eine ABC UG (haftungsbeschränkt), an der alle drei mit gleicher Quote beteiligt sein sollen. Das Mindeststammkapital beträgt demnach 3 €, da sowohl A, B und C einen Anteil erhalten müssen, dessen Mindestwert 1 € beträgt. ◄

Darüber hinaus stellt sich ohnehin die Frage, ob ein so niedriges Stammkapital unterhalb der Gründungskosten praktisch sinnvoll ist. Weist die Gesellschaft nämlich nur das Mindeststammkapital von 1 € aus, ist sie bereits nicht in der Lage, die Gründungskosten zu übernehmen, anderenfalls eine sofortige Überschuldung die Folge wäre. Der Abschluss anderer Geschäfte, insbesondere der typischen Gründungsgeschäfte, wäre ebenfalls problematisch. Es empfiehlt sich daher, vor Gründung einer Unternehmergesellschaft eine Finanzbedarfsplanung vorzunehmen und das Stammkapital an den sich dabei ermittelten Erfordernissen zu orientieren. Oftmals kommt man dann zu dem Ergebnis, dass eine richtige GmbH mit Halbeinzahlung von 12.500 € auf deren Mindeststammkapital von 25.000 € gar nicht so fernliegend ist.

Beispiel

A und B gründen eine AB UG (haftungsbeschränkt) mit einem Stammkapital von 1000 €. Die Gesellschaft soll die Gründungskosten in Höhe von 250 € übernehmen. Danach schließt die Gesellschaft am 28.09. einen Mietvertrag über eine Lagerhalle zu einer monatlichen Miete von 1000 € ab, die jeweils am 1. des Monats fällig wird. Mit Fälligkeit der Miete am 1.10. ist die AB UG überschuldet. ◄

9.1.2 Kapitalaufbringung

Bei der UG (haftungsbeschränkt) gibt es zwei Besonderheiten im Rahmen der Kapitalaufbringung:

Das Stammkapital ist stets in voller Höhe einzuzahlen, egal ob es 1 € oder 24.999 € beträgt. Eine Sachgründung ist ausgeschlossen, d. h., zulässig sind nur Bar-Gründungen und Bar-Stammkapitalerhöhungen.

Zwar fehlt es insoweit noch an einer höchstrichterlichen Rechtsprechung, aufgrund der strikten Anordnung des Ausschlusses einer Sachgründung ist aber wohl davon auszugehen, dass der UG auch die Privilegierung der Anrechnung einer verdeckten Sacheinlage entzogen ist. Dies hat zur Folge, dass verdeckt eingelegte Wirtschaftsgüter nicht mit ihrem tatsächlichen Wert angerechnet werden, sondern die vollständige Bar-Einlagepflicht der Gesellschafter fortbesteht.

Beispiel

A und B wollen die AB UG (haftungsbeschränkt) mit einem Stammkapital von 10.000 € gründen. Noch bevor sie zum Notar gehen, um die Satzung beurkunden zu lassen, erwerben sie einen gebrauchten Transporter im Wert von 8000 €. Nur wenig später wird der Gesellschaftsvertrag beurkundet und das Stammkapital in bar eingezahlt. Im Anschluss wird die UG im Handelsregister eingetragen. Nun verkaufen A und B den Transporter an die AB UG (haftungsbeschränkt) und erhalten von dieser den Kaufpreis in Höhe von 8000 € zurück. Würde es sich um eine normale GmbH handeln, so wäre der tatsächliche Wert des Transporters auf die Einlageverpflichtung anzurechnen, da die Regelungen zur verdeckten Sacheinlage anzuwenden wären. Da die Vorschriften zur verdeckten Sacheinlage aber für die UG nicht gelten, erfolgt keine Anrechnung des Wertes des Transporters. A und B werden so behandelt, als hätten sie die Einlage in Höhe des Kaufpreises noch gar nicht erbracht. Sie müssen die Einlage in Höhe von 8000 € erneut einzahlen. ◀

Bei der Kapitalaufbringung ist im Rahmen der UG daher höchste Vorsicht geboten, um eine spätere Doppelzahlung der Gesellschafter zu vermeiden.

9.2 Die Firmierung

Die Firmierung der UG (haftungsbeschränkt) hat zwingend mit dem gesetzlich vorgesehenen Rechtsformzusatz zu erfolgen. Dabei kann zwischen den Bezeichnungen „Unternehmergesellschaft (haftungsbeschränkt)" und „UG (haftungsbeschränkt)" gewählt werden. Die Verwendung einer Abkürzung für den Begriff „haftungsbeschränkt" ist nach der Gesetzesbegründung unzulässig. Ebenso die Verwendung der Bezeichnung GmbH.

Bei Verwendung einer unzutreffenden Bezeichnung im Rechtsverkehr kann eine persönliche Haftung drohen.

Beispiel

A und B gründen eine Unternehmergesellschaft mit einem Stammkapital von 10.000 € und lassen Visitenkarten mit der Firmierung AB UG (hb) drucken. Unter Vorlage einer solchen Visitenkarte erwirbt A im Namen der Gesellschaft einen Transporter zum Kaufpreis von 36.000 €, zahlbar in Raten zu je 1000 €. Nachdem die Geschäfte nicht wie geplant laufen, kann die Gesellschaft die Raten schon nach zehn Monaten nicht mehr bedienen. Trotz der vermeintlichen Haftungsbeschränkung haftet A wegen der fehlerhaften Firmierung für die ausstehenden Monatsraten mit seinem Privatvermögen. ◀

9.3   Die Pflicht zur Rücklagenbildung

Trotz der Schaffung einer Möglichkeit zur Gründung einer haftungsbeschränkten Gesellschaft mit einem geringeren Stammkapital als 25.000 €, ist der Gesetzgeber mit der Unternehmergesellschaft (haftungsbeschränkt) nicht von dem Leitbild der 25.000 €-GmbH abgewichen. Vielmehr soll jede UG (haftungsbeschränkt) über ein gestrecktes Verfahren Rücklagen und damit stetig wachsendes Eigenkapital bilden.

9.3.1   Bildung und Verwendung der Rücklage

Die Rücklage hat 1/4 des Jahresüberschusses abzüglich eines eventuell vorhandenen Verlustvortrags aus dem Vorjahr zu betragen.

Beispiel

Die AB UG (haftungsbeschränkt) hat in Ihrem Gründungsjahr 2009 einen vortragsfähigen Verlust von 5000 € erwirtschaftet. Im Jahr 2010 erwirtschaftet sie hingegen einen Gewinn von 10.000 €. Die AB UG (haftungsbeschränkt) hat nun zwingend eine Rücklage in Höhe von 25 % von 5000 € (Differenz aus Gewinn und Verlustvortrag), also 1250 € zu bilden. ◄

Diese Rücklage darf nicht ausgeschüttet und nur für ganz bestimmte Zwecke verwendet werden. Dies sind zum einen Verrechnungen mit Jahresfehlbeträgen bzw. Verlustvorträgen und zum anderen eine Kapitalerhöhung aus Gesellschaftsmitteln. Eine Verpflichtung zur Kapitalerhöhung aus der gebildeten Rücklage oder gar ein Automatismus, der bei Erreichen einer entsprechend hohen Rücklage zur Umwandlung in eine GmbH führt, besteht jedoch nicht.

Beispiel

Die AB UG (haftungsbeschränkt) wurde mit einem Stammkapital von 5000 € gegründet und erwirtschaftete im gleichen Jahr einen Gewinn von 80.000 €. Es wird eine entsprechende Rücklage in Höhe von 20.000 € gebildet. Die Gesellschaft kann nun frei entscheiden, ob .sie die Rücklage in Stammkapital umwandeln will und damit zukünftig wie eine GmbH zu behandeln ist, oder ob sie weiterhin den Sonderregeln der UG unterliegen möchte. ◄

Gerade die Option, anstelle der Stammkapitalerhöhung eine Verlustverrechnung vorzunehmen, gibt der UG in dieser Phase eine relativ hohe Flexibilität, auf schwankende Jahresergebnisse zu reagieren.

Beispiel

Die AB UG (haftungsbeschränkt) wurde mit einem Stammkapital in Höhe von 5000 €
gegründet. Im Gründungsjahr erwirtschaftet sie einen Gewinn von 80.000 € und es
wird eine Rücklage in Höhe von 20.000 € gebildet. Im darauffolgenden Jahr entsteht
ein Verlust von 15.000 €. Die UG kann nun problemlos die vorhandene Rücklage mit
dem Verlust verrechnen. Wäre die UG indes durch eine Erhöhung des Stammkapitals
aus Rücklage bereits in eine GmbH umgewandelt worden, so käme eine Verlustverrechnung mit ungebundenem Kapital nicht infrage. Vielmehr würde dies den Verlust
von mehr als der Hälfte des Stammkapitals bedeuten. Infolgedessen müsste nun z. B.
zwingend eine Gesellschafterversammlung zu diesem Umstand einberufen werden. ◄

Andererseits bleibt die Verpflichtung zur Rücklagenbildung fortbestehen, egal wie hoch
die Rücklage ist. Um also auch die Gewinne in voller Höhe ausschütten zu können, die
nicht mehr in gesetzlich zulässiger Weise durch die Vereinbarung einer Geschäftsführer-
vergütung oder ähnlichem vermieden werden können, muss zuvor die Umfirmierung in
eine GmbH erfolgen, was ein Stammkapital von 25.000 € voraussetzt. Es gibt allerdings
keine Frist zur Erreichung des Mindeststammkapitals einer GmbH durch eine UG
(haftungsbeschränkt).

Bei Erhöhung des Stammkapitals unter Auflösung der zweckgebundenen Rücklage entfällt die Thesaurierungspflicht, sofern das Mindeststammkapital einer GmbH
von 25.000 € erreicht wird (Kapitalerhöhung aus Gesellschaftsmitteln). Allerdings setzt
eine Kapitalerhöhung aus Gesellschaftsmitteln eine testierte Bilanz voraus, mit welcher
Kosten verbunden sind, welche die Gesellschafter oftmals scheuen. Deswegen ist es in
der Praxis die Regel, eine normale Barkapitalerhöhung auf das Mindeststammkapital
einer GmbH von 25.000 € mit Halb- oder Volleinzahlung durchzuführen.

Die Umwandlung einer GmbH in eine Unternehmergesellschaft (haftungsbeschränkt)
mittels einer Kapitalherabsetzung ist nicht möglich. Die Unternehmergesellschaft
(haftungsbeschränkt) ist eine „Einbahnstraße" und kann nur im Rahmen einer Neugründung entstehen, nicht jedoch aus einer bestehenden GmbH oder im Wege der
Umwandlung.

9.3.2   Folgen eines Verstoßes gegen das Gebot der Rücklagenbildung

Ein Ausschüttungsbeschluss, der gegen das Gebot der Rücklagenbildung verstößt,
ist nichtig, Gleiches gilt für einen Jahresabschluss ohne Ausweis der gesetzlich vorgeschriebenen Rücklage.

Der Gesellschafter, an den ein zu hoher Betrag ausgezahlt wurde, hat den überhöhten
Teil zurückzugewähren. Der Geschäftsführer haftet persönlich für die entgegen der
Pflicht zur Rücklagenbildung ausbezahlten Gewinnanteile.

Beispiel

C ist alleiniger Geschäftsführer der AB UG (haftungsbeschränkt) mit einem Stammkapital von 10.000 €. Bereits im Gründungsjahr erwirtschaftet die UG einen Gewinn
von 100.000 €. Die Gesellschafter A und B beschließen, diesen ohne Bildung einer
Rücklage vollumfänglich auszuschütten. C äußert zwar Bedenken, zahlt aber
dennoch die vollen 100.000 € an A und B aus, die hiernach ihre Geschäftsanteile an
D verkaufen. A und B haften der Gesellschaft auf jeweils 12.500 €, C auf die nicht
gebildete Rücklage von insgesamt 25.000 €. ◄

Grundlagen der Rechnungslegung

10.1 Überblick

Die zentralen Vorschriften der Rechnungslegung über die Pflichten zur Aufstellung des Jahresabschlusses, des Konzernabschlusses und des Lageberichtes sowie zur Prüfung und zur Offenlegung sind im Dritten Buch des Handelsgesetzbuches niedergelegt (§§ 238–342a HGB). Zudem enthält das GmbHG ergänzende Regelungen, die speziell für Unternehmen in der Rechtsform einer GmbH anzuwenden sind. Ferner sind die steuerrechtlichen Vorschriften der §§ 140–148 AO bezüglich der Führung von Büchern und Aufzeichnungen zu beachten.

Die Rechnungslegung ist für die GmbH von zentraler Bedeutung, da sie die Grundlage für die Gewinnausschüttung sowie für die Besteuerung der GmbH bildet. Die Geschäftsführer einer GmbH sind nach § 41 GmbHG verpflichtet, für die ordnungsmäßige Buchführung der GmbH zu sorgen und den Jahresabschluss aufzustellen. Zudem haben die Geschäftsführer den Jahresabschluss und eventuell den Lagebericht unverzüglich nach der Aufstellung den Gesellschaftern zwecks Feststellung des Jahresabschlusses vorzulegen.

Da es sich um eine sehr komplexe und anspruchsvolle Aufgabe handelt, greifen GmbH-Geschäftsführer auf die Unterstützung von Steuerberatern, Wirtschaftsprüfern, Buchhaltern oder fachkundigen Angestellten zurück. Jeder Geschäftsführer sollte sich jedoch bewusst sein, dass er für die Richtigkeit der von ihm unterschriebenen Bilanzen und Steuererklärungen haftet. Ein technischer Geschäftsführer benötigt kein fundiertes Fachwissen im Bereich der Rechnungslegung, er sollte aber zumindest die Grundlagen der Bilanzierung und der Gewinnermittlung kennen.

Ein Unternehmen in der Rechtsform der GmbH gilt nach § 13 Abs. 3 GmbHG als Handelsgesellschaft im Sinne des Handelsgesetzbuchs. GmbHs sind per Gesetz Kaufleute (§ 6 Abs. 1 i. V. m. § 1 HGB) und unterliegen demnach der Buchführungspflicht

© Springer-Verlag GmbH Deutschland, ein Teil von Springer Nature 2022
A. Sattler et al., *Der Ingenieur als GmbH-Geschäftsführer*,
https://doi.org/10.1007/978-3-662-65836-9_10

(§ 238 Abs. 1 HGB). Eine GmbH hat regelmäßig Abschlüsse zu erstellen; für den Schluss des Wirtschaftsjahres ist das nach handelsrechtlichen Grundsätzen ermittelte Betriebsvermögen anzusetzen. Der steuerliche Gewinn ist durch Betriebsvermögensvergleich (Bestandsvergleich) zu ermitteln (§ 5 i. V. m. § 4 Abs. 1 EStG). Dieser Verpflichtung hat die GmbH unabhängig von ihrer Größe und Tätigkeit nachzukommen.

Das Bilanzrechtsmodernisierungsgesetz (BilMoG) trat verpflichtend ab dem Jahr 2010 und wahlweise ab dem Jahr 2009 in Kraft. Durch das BilMoG ist eine teilweise Anpassung des HGB an die internationalen Rechnungslegungsstandards (IFRS) erfolgt. Diese Änderungen sollen die Aussagekraft der Handelsbilanz verbessern und dem Bilanzleser ein einheitlicheres und besseres Bild der Vermögens-, Finanz- und Ertragslage des Unternehmens liefern.

10.2   Jahresabschluss

10.2.1 Größenklassen

GmbHs werden nach handelsrechtlichen Vorschriften (§ 267 HGB) in kleine, mittelgroße und große Kapitalgesellschaften eingeteilt. Die Eingliederung in die jeweilige Größenklasse ist für die Geschäftsführer der GmbH mit bestimmten Pflichten bezüglich der Aufstellung und der Prüfung der Jahresabschlüsse und deren Veröffentlichung verbunden.

Im Rahmen des Bilanzrichtlinien-Umsetzungsgesetz wurden 2014 die monetären Schwellenwerte für kleine und mittelgroße Kapitalgesellschaften wie in Tab. 10.1 erhöht: Mindestens zwei der genannten drei Größenmerkmale müssen an zwei aufeinander folgenden Geschäftsjahren über- oder unterschritten werden.

Bei Neugründung oder Umwandlung einer GmbH sind die Verhältnisse zum ersten Abschlussstichtag maßgebend.

Durch das Kleinstkapitalgesellschaften-Bilanzrechtsänderungsgesetz (MicroBilG) wurden 2012 Sonderregelungen für Kleinstkapitalgesellschaften geschaffen. Kleinstkapitalgesellschaften sind gemäß § 267a HGB kleine Kapitalgesellschaften, die mindestens zwei der drei nachstehenden Merkmale nicht überschreiten:

350.000 € Bilanzsumme nach Abzug eines auf der Aktivseite ausgewiesenen Fehlbetrags,

Tab. 10.1   Größenklassen Kapitalgesellschaften

	Kleine GmbH	Mittelgroße GmbH	Große GmbH
Bilanzsumme	<6 Mio. €	<20 Mio. €	>20 Mio. €
Umsatz	<12 Mio. €	<40 Mio. €	>40 Mio. €
Arbeitnehmer	<50	<250	>250

700.000 Umsatzerlöse in den zwölf Monaten vor dem Abschlussstichtag,
im Jahresdurchschnitt zehn Arbeitnehmer.

Eine mögliche Überschreitung der Größenmerkmale sollte in der Praxis stets beachtet
werden. Insbesondere bei einem Sprung von einer kleinen zu einer mittelgroßen
GmbH werden Jahresabschlüsse erstmalig prüfungspflichtig. Im Zweifel sind alle
nicht geprüften Abschlüsse nichtig, und die Gewinnausschüttungen können bei den
Gesellschaftern zurückgefordert werden (§§ 31, 32 GmbHG).

10.2.2 Aufstellung

Für die Aufstellung des Jahresabschlusses einer GmbH sind die für alle Kaufleute
geltenden Vorschriften der §§ 242 bis 256a HGB um die speziellen Bestimmungen der
§§ 264 bis 289f HGB sowie der §§ 29 und 42 GmbHG zu ergänzen.

Der Jahresabschluss hat unter Beachtung der Grundsätze ordnungsmäßiger Buchführung ein den tatsächlichen Verhältnissen entsprechendes Bild der Vermögens-,
Finanz- und Ertragslage zu vermitteln (sog. Grundsatz des true and fair view). Zu den
Rechnungslegungsinstrumenten einer GmbH zählen die Bilanz, die Gewinn- und Verlustrechnung sowie der Anhang.

Die Bilanz ist die stichtagsbezogene Gegenüberstellung von Vermögen (Aktiva)
und Kapital (Passiva) einer GmbH wie in Tab. 10.2 dargestellt. Die Aktivseite stellt die
Mittelverwendung dar und die Passivseite gibt Auskunft über die Mittelherkunft. Die
Summe der Aktiva muss der Summe der Passiva entsprechen.

Die Gliederung der Bilanz nach § 266 HGB sowie der Gewinn- und Verlustrechnung
nach § 275 HGB und die größenabhängigen Erleichterungen nach § 274a HGB und
§ 276 HGB sind im Anhang dieses Buches aufgeführt.

Der Anhang ergänzt die Bilanz und die Gewinn- und Verlustrechnung um diejenigen Angaben bzw. Informationen, die zu den einzelnen Posten der Bilanz sowie der
Gewinn- und Verlustrechnung vorgeschrieben oder die im Anhang zu machen sind, weil
sie aufgrund von Wahlrechten nicht in der Bilanz oder Gewinn- und Verlustrechnung
enthalten sind. Die §§ 284 und 285 HGB enthalten eine ausführliche Auflistung von
Pflichtangaben, die in den Anhang aufzunehmen sind. Danach müssen insbesondere
die angewandten Bilanzierungs- und Bewertungsmethoden sowie ggf. Abweichungen
gegenüber dem Vorjahr und die Umrechnungsgrundlagen von Fremdwährungen in

Tab. 10.2 Bilanzaufstellung

BILANZ	
Aktiva	Passiva
Anlagevermögen	Eigenkapital
Umlaufvermögen	Fremdkapital
Summe Aktiva	Summe Passiva

Euro angegeben und begründet werden. Der Wortlaut der §§ 284, 285, 286 (Unterlassen von Angaben) und 288 HGB (größenabhängige Erleichterungen) ist im Anhang dieses Buches wiedergegeben. Kleinst-GmbHs brauchen gemäß § 264 Abs. 1 Satz 5 HGB keinen Anhang aufzustellen, wenn sie ihre Haftungsverhältnisse und Kredite an Geschäftsführer unter der Bilanz angeben.

Mittelgroße und große GmbHs haben ergänzend einen Lagebericht aufzustellen. Kleine GmbHs sind von der Aufstellungspflicht eines Lageberichts befreit.

Im Lagebericht sind der Geschäftsverlauf einschließlich des Geschäftsergebnisses sowie die wirtschaftliche Situation des Unternehmens so darzustellen, dass ein den tatsächlichen Verhältnissen entsprechendes Bild vermittelt wird (§ 289 HGB). Zudem soll der Lagebericht auf die Verwendung von Finanzinstrumenten durch die GmbH, den Bereich Forschung und Entwicklung sowie auf bestehende Zweigniederlassungen der GmbH eingehen. Ferner ist die voraussichtliche Entwicklung mit ihren wesentlichen Chancen und Risiken zu beurteilen und zu erläutern.

Der Jahresabschluss und der Lagebericht sind in den ersten drei Monaten des aktuellen Geschäftsjahres für das vergangene Geschäftsjahr aufzustellen. Kleine GmbHs dürfen den Jahresabschluss innerhalb der ersten sechs Monate des Geschäftsjahres aufstellen, wenn dies einem ordnungsgemäßen Geschäftsgang entspricht.

10.2.3 Prüfung

Der Jahresabschluss und der Lagebericht einer mittelgroßen oder großen GmbH sind durch einen Abschlussprüfer gem. § 316 HGB zu prüfen. Wurde keine Prüfung durchgeführt, kann der Jahresabschluss nicht festgestellt werden.

Gegenstand und Umfang der Prüfung des Jahresabschlusses einschließlich der Buchführung ist die Beachtung der Einhaltung der gesetzlichen Regelungen und der ergänzenden Vorschriften des Gesellschaftsvertrages oder der Satzung. Die Prüfung des Lageberichts beinhaltet, ob dieser im Einklang mit dem Jahresabschluss steht und eine zutreffende Vorstellung von der Lage der GmbH vermittelt. Zudem ist die zutreffende Darstellung der Chancen und Risiken der künftigen Entwicklung zu prüfen (§ 317 HGB).

Der Abschlussprüfer des Jahresabschlusses wird durch die Gesellschafterversammlung gewählt und durch die Geschäftsführer der GmbH bestellt (§ 318 HGB).

10.2.4 Feststellung

Die Geschäftsführer der GmbH haben den Jahresabschluss und den Lagebericht unverzüglich nach der Aufstellung den Gesellschaftern zwecks Feststellung des Jahresabschlusses vorzulegen. Unterliegt der Jahresabschluss der Prüfungspflicht, ist dieser mit dem Lagebericht und dem Prüfungsbericht des Abschlussprüfers unverzüglich nach Eingang des Prüfungsberichtes den Gesellschaftern vorzulegen (§ 42a GmbHG).

Die Gesellschafter haben über die Feststellung des Jahresabschlusses und über die Ergebnisverwendung spätestens bis zum Ablauf der ersten acht Monate – bei kleinen GmbHs bis zum Ablauf der ersten elf Monate des Geschäftsjahres – zu beschließen.

10.2.5 Offenlegung

Nach § 325 HGB sind die Geschäftsführer zur Offenlegung des Jahresabschlusses beim Betreiber des elektronischen Bundesanzeigers verpflichtet. Die Einreichung in elektronischer Form hat unverzüglich nach Vorlage an die Gesellschafter, spätestens jedoch bis zum 31.12. des nachfolgenden Geschäftsjahres zu erfolgen. Die §§ 326 und 327 HGB sehen größenabhängige Erleichterungen für kleine Kapitalgesellschaften und Kleinstkapitalgesellschaften sowie für mittelgroße Kapitalgesellschaften bei der Offenlegung vor.

10.2.6 Aufbewahrungsfristen

Für die Bücher und Aufzeichnungen, Inventare, Jahresabschlüsse, Lageberichte, Eröffnungsbilanzen, Arbeitsanweisungen und Organisationsunterlagen sowie Buchungsbelege gilt eine Aufbewahrungsfrist von 10 Jahren, für die übrigen Unterlagen 6 Jahre (§ 257 Abs. 4 HGB, § 147 Abs. 3 AO).

Die Bücher und sonstigen erforderlichen Aufzeichnungen mit Ausnahme der Eröffnungsbilanzen und Jahresabschlüsse können auch auf Bildträgern oder anderen Datenträgern geführt werden. Die Daten müssen jederzeit verfügbar sein und innerhalb angemessener Frist lesbar gemacht werden können.

Die Aufbewahrungsfrist beginnt mit dem Schluss des Kalenderjahres, in dem die letzte Eintragung in das Handelsbuch gemacht, das Inventar aufgestellt, die Eröffnungsbilanz, der Jahresabschluss oder der Lagebericht festgestellt, der Handelsbrief empfangen/versandt wurde oder die sonstigen Unterlagen entstanden sind.

10.2.7 Zusammenfassung

Die Tab. 10.3 stellt die den Jahresabschluss betreffenden Pflichten und Fristen zusammenfassend dar.

Tab. 10.3 Zusammenfassung Pflichten und Fristen

	Kleine GmbH	Mittelgroße GmbH	Große GmbH
Aufstellung	6 Monate	3 Monate	3 Monate
Prüfung	Keine Prüfungspflicht	Prüfungspflichtig	Prüfungspflichtig
Feststellung	11 Monate	8 Monate	8 Monate
Offenlegung	12 Monate	12 Monate	12 Monate
Aufbewahrung	10 Jahre	10 Jahre	10 Jahre

10.3 Grundsätze ordnungsmäßiger Buchführung und Bilanzierung (GoB)

Oberstes Prinzip für die Buchführung und Abschlusserstellung ist die Einhaltung der Grundsätze ordnungsmäßiger Buchführung (§§ 238, 243 HGB). Jedoch sind die GoB ein unbestimmter Rechtsbegriff und vielmehr allgemein anerkannte Regelungen über die Führung der Handelsbücher sowie die Erstellung des Jahresabschlusses. Sie dienen der Auslegung bestehender Gesetzesvorschriften und in Grenzfällen der Ausfüllung von Gesetzeslücken.

Nach § 238 Abs. 1 S. 2 HGB muss die Buchführung so beschaffen sein, dass sie einem sachverständigen Dritten innerhalb angemessener Zeit einen Überblick über die Geschäftsvorfälle und über die Lage des Unternehmens vermitteln kann. Dabei müssen sich die Geschäftsvorfälle in ihrer Entstehung und Abwicklung verfolgen lassen.

Im Allgemeinen entspricht eine Bilanz den GoB, wenn

- sie den handelsrechtlichen Bestimmungen entspricht und
- ihr gemäß § 242 HGB eine doppelte Buchführung zugrunde liegt.

Eine Buchführung ist ordnungsgemäß, wenn die Eintragungen

- vollständig,
- richtig,
- zeitgerecht und
- geordnet sind.

Die wichtigsten Grundsätze ordnungsmäßiger Buchführung sind:

- Grundsatz der Bilanzklarheit und Übersichtlichkeit (§ 238 Abs. 1 und § 243 Abs. 2 HGB),
- Grundsatz der Richtigkeit und Willkürfreiheit (§ 239 HGB),
- Grundsatz der Vollständigkeit (§ 239 Abs. 2 HGB),
- Grundsatz der Bilanzwahrheit (§ 242 HGB),

- Grundsatz der Bilanzidentität (§ 252 Abs. 1 Nr. 1 HGB),
- Grundsatz der Fortführung der Unternehmenstätigkeit – Going-Concern-Prinzip (§ 252 Abs. 1 Nr. 2 HGB),
- Grundsatz der Einzelbewertung (§ 252 Abs. 1 Nr. 3 HGB),
- Stichtagsprinzip (§ 252 Abs. 1 Nr. 3 HGB),
- Grundsatz der Vorsicht (§ 252 Abs. 1 Nr. 4 HGB)
  - Imparitätsprinzip
  - Realisationsprinzip,
- Wertaufholungsprinzip (§ 252 Abs. 1 Nr. 4 HGB),
- Grundsatz der Abgrenzung der Sache und der Zeit nach (§ 252 Abs. 1 Nr. 5 HGB),
- Grundsatz der Bilanzkontinuität – Bilanzbewertungsstetigkeit (§ 252 Abs. 1 Nr. 6 HGB),
- Grundsatz der Wirtschaftlichkeit (§§ 256, 240 Abs. 3 und 4 HGB),
- Grundsatz der Nachprüfbarkeit,
- Grundsatz der Maßgeblichkeit.

Beispiel (Grundsatz der Vorsicht)

Der Geschäftsführer der Häberle GmbH ist der Auffassung, die GmbH habe einen Schadensersatzanspruch in Höhe von 100.000 € gegen die Maier GmbH, die im Jahre 2020 unberechtigt einen Auftrag an die Häberle GmbH storniert hatte. Der Anspruch wird im Jahre 2021 eingeklagt. Die Maier GmbH räumt das Bestehen einer Schadensersatzverpflichtung in Höhe von 5000 € ein, weigert sich dennoch zu zahlen. Im Übrigen ist die Maier GmbH überaus solvent. Der Geschäftsführer der Häberle GmbH möchte wegen einer unerwarteten Ertragsverschlechterung den Anspruch gegen die Maier GmbH mit dem Betrag von 100.000 € in der Jahresbilanz zum 31.12.2020 ausweisen. 2022 wird der Prozess rechtskräftig gewonnen.

In welcher Höhe kann die Häberle GmbH die Forderung per 31.12.2020 aktivieren? Das Realisationsprinzip besagt, dass vorsichtig zu bewerten ist. Da für die Häberle GmbH aus der Sicht des Bilanzaufstellungstages im Jahre 2021 nicht auszuschließen ist, dass der Prozess gegen die Maier GmbH erfolglos bleibt, kann aus Vorsichtsgründen nur der Betrag in Höhe von 5000 € aktiviert werden.

Andererseits muss aber die Maier GmbH bereits im Jahr 2020 nach dem Imparitätsprinzip eine Rückstellung in Höhe von 100.000 € bilden, denn es besteht das Risiko einer Verurteilung zur Zahlung des vollen Betrages. ◄

10.4 Handelsbilanz und Steuerbilanz

Eine GmbH ist aufgrund der gesetzlichen Vorschriften verpflichtet, Bücher zu führen und regelmäßig Abschlüsse zu erstellen und hat für den Schluss des Wirtschaftsjahres das Betriebsvermögen anzusetzen, das nach den handelsrechtlichen Grundsätzen

Abb. 10.1 Zusammenhang zwischen den einzelnen Gesetzen

Tab. 10.4 Zusammenfassung Grundsätze der Maßgeblichkeit

Handelsbilanz		Steuerbilanz
Aktivierungsgebot	⇒	Aktivierungsgebot
Passivierungsgebot	⇒	Passivierungsgebot
Aktivierungswahlrecht	⇒	Aktivierungsgebot
Passivierungswahlrecht	⇒	Passivierungsverbot
Aktivierungsverbot	⇒	Aktivierungsverbot
Passivierungsverbot	⇒	Passivierungsverbot

ordnungsmäßiger Buchführung auszuweisen ist. Somit muss eine GmbH ihren Gewinn durch Betriebsvermögensvergleich (Bestandsvergleich) ermitteln.

Von der Handelsbilanz, deren Rechnungslegungsvorschriften ausschließlich das HGB regelt, ist die Steuerbilanz zu unterscheiden. Das Steuerrecht ist dennoch mit dem Handelrecht durch das sog. Maßgeblichkeitsprinzip verknüpft (§ 5 Abs. 1 S. 1 EStG).

Den Zusammenhang zwischen den einzelnen Gesetzen veranschaulicht die Abb. 10.1.

Hier ist gesondert darauf zu achten, was sich einerseits innerhalb des buchhalterischen Zahlenwerkes abspielt und was im außerbilanziellen Bereich einer Korrektur bedarf.

Das Maßgeblichkeitsprinzip besagt, dass die handelsrechtlichen Ansatz- und Bewertungsvorschriften auch für die Steuerbilanz gelten, vorausgesetzt, sie verstoßen nicht gegen zwingende steuerliche Sondervorschriften. Vor Einführung des BilMoG wurde der Maßgeblichkeitsgrundsatz noch durch die sog. umgekehrte Maßgeblichkeit ergänzt. Dies bedeutete, dass ein steuerliches Wahlrecht (insbesondere Steuervergünstigungen) in der Steuerbilanz nur in Anspruch genommen werden durfte, wenn es auch entsprechend in der Handelsbilanz ausgeübt wurde. Infolge der Aufhebung gilt, dass steuerrechtliche Wahlrechte unabhängig von der Handelsbilanz in der Steuerbilanz auszuüben sind. Demzufolge werden der Inhalt und der Umfang der Handelsbilanz nunmehr ausschließlich von den handelsrechtlichen Vorschriften bestimmt.

Zusammenfassend lassen sich die Grundsätze der Maßgeblichkeit der Handelsbilanz für die Steuerbilanz gemäß Tab. 10.4 darstellen, sofern nicht zwingende steuerliche Vorschriften dagegen stehen:

Beispiel

Für immaterielle Vermögensgegenstände des Anlagevermögens, die entgeltlich erworben wurden, besteht handelsrechtlich eine Aktivierungspflicht. Aufgrund des

Maßgeblichkeitsprinzips gilt auch für die Steuerbilanz Ansatzpflicht. Für selbst hergestellte immaterielle Vermögensgegenstände wurde hingegen durch das BilMoG ein handelsrechtliches Ansatzwahlrecht eingeführt, während in der Steuerbilanz durch die ausdrückliche Regelung in § 5 Abs. 2 EStG ein Aktivierungsverbot besteht.

Für Drohverlustrückstellungen besteht handelsrechtlich Passivierungspflicht. Grundsätzlich wäre dies auch für die Steuerbilanz maßgeblich, dem steht jedoch die zwingende steuerliche Sondervorschrift in § 5 Abs. 4a EStG entgegen.

Bei Aufnahme eines Darlehens besteht für ein Disagio in der Handelsbilanz ein Aktivierungswahlrecht (§ 250 Abs. 3 S. 1 HGB). Demzufolge besteht für die Steuerbilanz Aktivierungspflicht. ◄

In der Praxis wurde insbesondere von kleinen und mittelgroßen GmbHs i. d. R. früher nur eine Einheitsbilanz – Steuerbilanz entspricht der Handelsbilanz – erstellt. Handelsrechtliche Wahlrechte wurden in Übereinstimmung mit den steuerlichen Pflichten ausgeübt. Durch die wachsende Zahl der zwingenden Abweichungen zwischen Steuerbilanz und Handelsbilanz und den Wegfall der umgekehrten Maßgeblichkeit sind auch kleine und mittelgroße GmbHs verstärkt dazu übergegangen, getrennte Bilanzen zu erstellen.

Ausschließlich die Handelsbilanz bildet die Grundlage für die Ergebnisverwendungsbeschlüsse und die Veröffentlichung, während die Steuerbilanz die Ausgangsgröße für die steuerliche Bemessungsgrundlage ist.

10.5 Ergebnisverwendungsbeschlüsse

Die Ergebnisverwendung einer GmbH findet ihre gesetzliche Regelung in § 29 GmbHG. Demnach haben die Gesellschafter Anspruch auf Ausschüttung des Bilanzgewinns (Jahresüberschuss zuzüglich eines Gewinnvortrags und abzüglich eines Verlustvortrages). Enthält die Satzung keine Regelung über die Ergebnisverwendung, kann die Gesellschafterversammlung durch einfachen Mehrheitsbeschluss jährlich über eine abweichende Verwendung des Bilanzgewinns beschließen. Demnach kann der Bilanzgewinn auch ganz oder teilweise thesauriert werden, d. h., in die Gewinnrücklagen eingestellt oder auf neue Rechnung vorgetragen werden.

Dies hat jedoch häufig zur Folge, dass Minderheitsgesellschafter damit rechnen müssen, dass ihr Ausschüttungsinteresse durch Mehrheitsbeschluss nicht berücksichtigt wird. Um diesem Interesse nachzukommen, könnte ggf. eine Mindestausschüttung in der Satzung festgelegt werden.

Beispiel

An einer Heizungsbau-GmbH sind Alfons zu 80 % und seine beiden Schwestern zu je 10 % beteiligt. Seit Jahren gibt es Streit um die Ausschüttungen. Die jüngere Schwester besteht auf eine vollständige Ausschüttung, um ihr neu errichtetes Eigenheim besser abzahlen zu können, die andere Schwester hat sich auf ihre Seite

geschlagen. Alfons dagegen will durch Einbehaltung der Gewinne die Eigenkapital-
basis der GmbH erhöhen. Er beschließt deshalb Jahr für Jahr gemäß den §§ 29, 46 Nr.
1 GmbHG in den ordnungsgemäß einberufenen

Gesellschafterversammlungen gegen die Stimmen der beiden Schwestern, dass
der Jahresüberschuss in die Gewinnrücklagen (§ 272 Abs. 3 HGB) eingestellt wird.
Verfährt Alfons rechtmäßig?

Nach § 29 GmbHG darf der Jahresüberschuss voll thesauriert werden. Private
Interessen, wie die Finanzierung des Eigenheims der Schwester, müssen hinter
Gesellschaftsinteressen zurücktreten. Dieser Beschluss hätte von Alfons auch gefasst
werden können, wenn er nur 51 % der Stimmanteile hätte (§ 47 GmbHG).

Alfons tut jedoch gut daran, seinen Schwestern die Gründe für die Thesaurierung
eingehend zu erläutern. Zerstreiten sich die Gesellschafter nämlich nachhaltig, so
können auch Minderheitsgesellschafter durch intensive Ausübung ihrer Rechte, z. B.
auf Auskunftserteilung und Einsichtnahme in die Bücher (§ 51a GmbHG) oder durch
Anfechtung von Gesellschafterbeschlüssen mittels Anfechtungsklage, dem Haupt-
gesellschafter und dem Geschäftsführer das Leben schwer machen. ◄

Im Zusammenhang mit der Ergebnisverwendung muss der Geschäftsführer die Vorschrift
des § 30 Abs. 1 GmbHG beachten. Dort heißt es, dass das zur Erhaltung des Stammkapitals erforderliche Vermögen der Gesellschaft an die Gesellschafter nicht ausgezahlt
werden darf. Mit anderen Worten: Gewinne dürfen nur ausgeschüttet werden, sofern das
Stammkapital dadurch nicht angegriffen wird.

Beispiel

Die Satzung der Schlaukopf-Beratungs-GmbH sieht vor, dass die Gesellschafter ohne
Rücksicht auf das Jahresergebnis Anspruch auf eine Vorabverzinsung ihrer Stamm-
einlage mit 4 % über dem jeweiligen Basiszinssatz der Europäischen Zentralbank,
mindestens mit 5 % jährlich, haben. Die Zinsen sind jeweils auf das Jahresende zur
Zahlung fällig. Im Übrigen erfolgt die Verteilung des Jahresergebnisses im Verhältnis der Geschäftsanteile. Durch einen großen Zahlungsausfall im letzten Geschäftsjahr und eine unbefriedigende Gewinnsituation seit der Gründung vor zwei Jahren
beträgt das Eigenkapital zum 31.12. nur noch 45.000 € bei einem Stammkapital von
50.000 €. Geschäftsführer Schlaukopf verzinst die Stammeinlagen wie im Gesellschaftsvertrag vorgesehen und zahlt die Beträge an die Gesellschafter aus. Zu Recht?

Es liegt offensichtlich eine unter § 30 GmbHG fallende Auszahlung vor. Durch
die Zahlung der Zinsen wird das Stammkapital, von dem bereits 5000 € aufgezehrt
sind, weiter angegriffen. Der Geschäftsführer hat also zu Unrecht ausbezahlt. Er muss
nach § 31 GmbHG die Zahlung zurückfordern, wenn er nicht gegenüber der GmbH
schadensersatzpflichtig werden will. Kann er bei den Gesellschaftern die Rückzahlung nicht erlangen, so muss er gemäß § 31 Abs. 6 GmbHG damit rechnen, als
Haftender persönlich von der GmbH in Anspruch genommen zu werden, ggf. auch
noch nach Jahren durch den Insolvenzverwalter. ◄

Grundlagen der Besteuerung

11.1 Trennungsprinzip

Bei der Besteuerung einer GmbH muss zwingend zwischen der Ebene der Gesellschaft und der Ebene der Gesellschafter differenziert werden (sog. Trennungsprinzip).

Werden die Gewinne einer GmbH ausgeschüttet, unterliegt der Gesellschafter mit diesen Bezügen der Besteuerung. Um dem Charakter einer Doppelbesteuerung oder Mehrfachbesteuerung entgegenzuwirken, wurden auf Ebene der Gesellschafter in früheren Jahren mehrfache Systemumstellungen der Besteuerung vollzogen, die zur Steuerentlastung beitragen sollen.

Es werden Konstellationen der Besteuerung gemäß Abb. 11.1 unterschieden:

Eine GmbH unterliegt als juristische Person der Körperschaftsteuerpflicht. Ihre Gesellschafter sind als natürliche Personen einkommensteuer- oder als juristische Personen körperschaftsteuerpflichtig.

11.2 Besteuerung auf Ebene der GmbH

11.2.1 Körperschaftsteuer

Die Körperschaftsteuer ist die besondere Einkommensteuer einer GmbH, die vom Einkommen erhoben wird. Danach unterliegen GmbHs als Steuersubjekte nach den §§ 1 ff. KStG der Körperschaftsteuerpflicht.

11.2.1.1 Körperschaftsteuerpflicht

Eine GmbH ist mit ihren gesamten Einkünften unbeschränkt körperschaftsteuerpflichtig, wenn sie ihre Geschäftsleitung oder ihren Sitz im Inland hat. Sie unterliegt mit ihren

© Springer-Verlag GmbH Deutschland, ein Teil von Springer Nature 2022
A. Sattler et al., *Der Ingenieur als GmbH-Geschäftsführer*,
https://doi.org/10.1007/978-3-662-65836-9_11

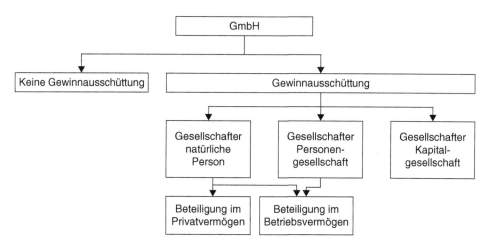

Abb. 11.1 Konstellationen der Besteuerung

inländischen Einkünften der beschränkten Körperschaftsteuerpflicht, wenn sie weder ihre Geschäftsleitung noch ihren Sitz im Inland hat (§ 2 KStG i. V. m. §§ 10 und 11 AO).

11.2.1.2 Körperschaftsteuerermittlung

Die Bemessungsgrundlage ist das zu versteuernde Einkommen. Was als Einkommen gilt und wie das Einkommen zu ermitteln ist, bestimmt sich nach den Vorschriften des EStG und des KStG (§ 8 Abs. 1 KStG). Nach § 8 Abs. 2 KStG sind steuerrechtlich alle erzielten Einkünfte einer steuerpflichtigen GmbH ausschließlich als Einkünfte aus Gewerbebetrieb i. S. d. § 15 EStG zu qualifizieren.

Das ermittelte Ergebnis ist um abziehbare Aufwendungen gem. § 9 KStG, z. B. Spenden (in bestimmten Größenordnungen), zu vermindern und um nichtabziehbare Aufwendungen gem. § 10 KStG, z. B. Geldstrafen oder Bußgelder, zu erhöhen.

Zu beachten ist, dass alle wirtschaftlichen Geschäftsbetriebe einer GmbH zusammengefasst werden, um mögliche Verluste in einem Betriebsteil durch Gewinne eines anderen Betriebsteils auszugleichen. Ist der Gesamtbetrag bei der Ermittlung der Einkünfte negativ, ist ein steuerlicher Verlust entstanden, der unter Beachtung der jeweiligen Höchstbeträge als Verlustrück- oder Verlustvortrag gem. § 10d EStG geltend gemacht werden kann. Der Verlustvortrag ist zeitlich unbegrenzt möglich, der Verlustrücktrag ist jedoch auf zwei Jahre begrenzt.

Auf das ermittelte zu versteuernde Einkommen ist der einheitliche Steuersatz von 15 % zuzüglich 5,5 % Solidaritätszuschlag anzuwenden (§ 4 S. 1 i. V. m. § 3 Abs. 1 Nr. 1 SolZG).

Für die Körperschaftsteuerfestsetzung ist das Ermittlungsschema wie in Tab. 11.1 anzuwenden:

Tab. 11.1 Ermittlungsschema Körperschaftsteuerfestsetzung

×	Zu versteuerndes Einkommen (§ 7 Abs. 1 KStG) Körperschaftsteuersatz 15 % (§ 23 Abs. 1 KStG)
=	Tarifliche Körperschaftsteuer
./.	Anzurechnende ausländische Steuern (§ 26 KStG)
= ./.	Festzusetzende Körperschaftsteuer Körperschaftsteuer-Vorauszahlungen (§ 31 KStG i. V. m. § 36 Abs. 2 Nr. 1 EStG)
./.	Anzurechnende Kapitalertragsteuer (§ 31 KStG i. V. m. § 36 Abs. 2 Nr. 2 EStG)
=	Erstattung oder Abschlusszahlung der Körperschaftsteuer

11.2.2 Gewerbesteuer

Die Gemeinden sind Steuergläubiger der auch als Gemeindesteuer bezeichneten Gewerbesteuer. Diese stellt deren wichtigste originäre Einnahmequelle dar.

11.2.2.1 Besteuerungsgegenstand

Besteuerungsgegenstand gem. § 2 Abs. 1 GewStG ist der Gewerbebetrieb, der im Inland betrieben wird, und seine objektive Ertragskraft. Die steuerrechtliche Berechnungsbasis ist mit der der Körperschaftsteuer identisch.

11.2.2.2 Gewerbesteuerermittlung

Die Besteuerungsgrundlage für die Gewerbesteuer ist der Gewerbeertrag gem. § 7 GewStG, der sich aus dem um Hinzurechnungen (§ 8 GewStG) erhöhten und um Kürzungen (§ 9 GewStG) verminderten zu versteuernden Einkommen des Gewerbebetriebes ermittelt. Auf diese Bemessungsgrundlage ist die Steuermesszahl in Höhe von 3,5 % anzusetzen. Hieraus ergibt sich der Steuermessbetrag, auf den die Gemeinde den jeweiligen Hebesatz anwendet. Er liegt i. Allg. zwischen 360 % und 580 %.

Der Steuermessbetrag gilt für den Erhebungszeitraum (Kalenderjahr) und wird durch das zuständige Finanzamt durch einen Steuermessbescheid festgestellt.

Die Gewerbesteuer hat seit dem Erhebungszeitraum 2008 bei der Gewinnermittlung nach dem Einkommen- bzw. Körperschaftsteuergesetz eine besondere Bedeutung bekommen, da die Gewerbesteuer gem. § 4 Abs. 5b EStG nicht mehr als Betriebsausgabe abzugsfähig ist. Somit ist die Gewerbesteuer weder bei ihrer eigenen Bemessungsgrundlage noch bei der Bemessungsgrundlage der Körperschaftsteuer in Abzug zu bringen.

Die Festsetzung der Gewerbesteuer erfolgt nach dem Ermittlungsschema wie in Tab. 11.2:

Beispiele für Hinzurechnungen sind:

Tab. 11.2 Ermittlungsschema Gewerbesteuerfestsetzung

Gewinn aus Gewerbebetrieb (§ 7 S. 1 GewStG)	
+	Hinzurechnungen (§ 8 GewStG)
./.	Kürzungen (§ 9 GewStG)
./.	Gewerbeverlustvortrag (§ 10a GewStG)
=	Maßgebender Gewerbeertrag (§§ 7, 10 GewStG) auf volle hundert abzurunden
×	Steuermesszahl 3,5 % (§ 11 Abs. 2 GewStG)
=	Steuermessbetrag (§ 14 GewStG)
×	Hebesatz der Gemeinde (§ 16 GewStG)
=	Festzusetzende Gewerbesteuer
./.	Gewerbesteuer-Vorauszahlungen
=	Erstattung oder Abschlusszahlung der Gewerbesteuer

- 25 % der Entgelte für Schulden,
- 25 % der Renten und dauernden Lasten,
- 5 % der Miet- und Pachtzinsen einschließlich Leasingraten für bewegliche Wirtschaftsgüter,
- 12,5 % der Miet- und Pachtzinsen einschließlich Leasingraten für Immobilien,
- 6,25 % der Lizenzzahlungen,

soweit die Summe den Betrag von 200.000 € (vor 2020: 100.000 €) übersteigt.
Beispiele für Kürzungen sind:

- 1,2 % des Einheitswertes des zum Betriebsvermögen gehörenden Grundbesitzes,
- Spenden und Mitgliedsbeiträge zur Förderung steuerbegünstigter Zwecke in bestimmten Größenordnungen.

Beispiel

Die Häberle GmbH hat einen Gewinn vor Steuern in Höhe von 260.000 € im Geschäftsjahr 2021 erwirtschaftet. Für die Gewerbesteuerbemessungsgrundlage sind Hinzurechnungen in Höhe von 40.000 € zu berücksichtigen. Der Gewerbesteuerhebesatz der Gemeinde beträgt 400 %.
   Auf Ebene der Häberle GmbH ergibt sich die Steuerbelastung wie in Abb. 11.2: ◄

11.3 Besteuerung auf Ebene der Gesellschafter

Um mögliche Doppelbesteuerungen auf Ebene der Gesellschafter der GmbH zu vermeiden, muss bei Gewinnausschüttungen eine Entlastung erfolgen.

Gewinn aus Gewerbebetrieb		*260.000 €*
+	*Hinzurechnungen*	*40.000 €*
=	*Maßgebender Gewerbeertrag*	*300.000 €*
×	*Steuermesszahl 3,5 %*	
=	*Steuermessbetrag*	*10.500 €*
×	*Hebesatz der Gemeinde 400 %*	
=	*Festzusetzende Gewerbesteuer*	*42.000 €*
zu versteuerndes Einkommen		*260.000 €*
×	*Körperschaftsteuer 15 %*	
=	*festzusetzende Körperschaftsteuer*	*39.000 €*
×	*Solidaritätszuschlag 5,5 %*	
=	*Solidaritätszuschlag*	*2.145 €*
Gewinn nach Steuern		*176.855 €*
Gesamtsteuerbelastung auf Gesellschaftsebene		*83.145 €*
Gesamtsteuerbelastung in %		*31,98 %*

Abb. 11.2 Steuerbelastung Häberle GmbH

Seit Verabschiedung des Unternehmensteuerreformgesetzes (UntStRefG) 2008 ist die Ertragsbesteuerung einer GmbH einer wesentlich stärkeren Differenzierung zu unterziehen. Man unterscheidet folgende Konstellationen auf der Ebene der Gesellschafter:

- Ausschüttung in das Privatvermögen einer natürlichen Person,
- Ausschüttung in das Betriebsvermögen einer Personengesellschaft oder eines Einzelunternehmers
  - mit Thesaurierungsbegünstigung
  - ohne Thesaurierungsbegünstigung,
- Ausschüttung in das Betriebsvermögen einer Kapitalgesellschaft

11.3.1 Anteile im Privatvermögen

Wird der Gewinn einer GmbH an die Gesellschafter ausgeschüttet, unterliegt die Dividende im Privatvermögen einer natürlichen Person gem. §§ 3 Nr. 40 S. 2 i. V. m. 32d EStG vollständig der Abgeltungssteuer in Höhe von 25 % zuzüglich Solidaritätszuschlag und ggf. Kirchensteuer.

Die erzielten Einkünfte sind den Einkünften aus Kapitalvermögen gem. § 20 EStG zuzurechnen. Im Rahmen der Abgeltungssteuer können Werbungskosten nicht mehr geltend gemacht werden.

Auf Antrag ist jedoch von der Finanzverwaltung das Teileinkünfteverfahren zu gewähren, sofern folgende Voraussetzungen des § 32d Abs. 2 Nr. 3 EStG erfüllt sind:

- Beteiligung mindestens 25 % oder
- Beteiligung mindestens 1 % und berufliche Tätigkeit für die GmbH.

Dies hat zur Folge, dass 40 % der Dividende als steuerfrei behandelt werden und auf die verbleibenden 60 % der persönliche Einkommensteuersatz anzuwenden ist. Ebenso ist ein Werbungskostenabzug in Höhe von 60 % der entstandenen Kosten möglich.

Beispiel (Fortführung)

Die Häberle GmbH hat fünf Gesellschafter – Herrn Müller, Einzelunternehmerin Frau Schmidt, die Kaiser OHG, die Schulze GmbH und die Maier GmbH – die zu jeweils gleichen Anteilen beteiligt sind. Auf der Gesellschafterversammlung Anfang 2022 beschließen die Gesellschafter der Häberle GmbH, den Gewinn des vergangenen Geschäftsjahres 2021 vollständig auszuschütten.

Für Herrn Müller ergibt sich im Rahmen der Gewinnausschüttung die Berechnung wie in Abb. 11.3: ◄

11.3.2 Anteile im Betriebsvermögen einer Personengesellschaft oder eines Einzelunternehmers

11.3.2.1 Ausschüttung ins Betriebsvermögen bei Nutzung der Thesaurierungsbegünstigung

Werden die Anteile einer GmbH im Betriebsvermögen einer Personengesellschaft oder eines Einzelunternehmers gehalten, sind die Gewinne aus Anteilen an einer nicht steuerbefreiten GmbH im Rahmen der Gewerbesteuer freigestellt, wenn die Kapitalbeteiligung mindestens 15 % beträgt (§ 9 Nr. 2a GewStG). Im Rahmen der Einkommensbesteuerung sind die Dividendenbezüge nach dem Teileinkünfteverfahren zu 60 % steuerpflichtig und zu 40 % steuerfrei (§ 3 Nr. 40 S. 1d i. V. m. S. 2 EStG). Hier greift die Abgeltungssteuer für Kapitalerträge nicht. Andererseits sind jedoch im Zusammenhang mit der Beteiligung entstandene Betriebsausgaben zu 60 % abzugsfähig.

Dividendenbezug i. H. d. Beteiligung von 20 % d. Gewinns nach Steuern		*35.371 €*
./.	Einkommensteuer – Abgeltungssteuer 25 % (§ 32d Abs. 1 EStG)	*8.843 €*
./.	Solidaritätszuschlag 5,5 %	*486 €*
=	Dividendenbezug nach persönlichen Steuern	*26.042 €*
Gesamtsteuerbelastung auf Gesellschafts- und Gesellschafterebene (bezogen auf die anteilige Steuerbelastung in Höhe von 16.629 € = 20 % von 83.145 €)		*25.958 €*
Gesamtsteuerbelastung in %		*49,92 %*

Abb. 11.3 Gewinnausschüttung Herr Müller

Verbleiben die Dividendenbezüge im Betriebsvermögen, unterliegt der steuerpflichtige Teil in Höhe von 60 % – nur auf Antrag des Steuerpflichtigen – dem Steuersatz von 28,25 % zuzüglich Solidaritätszuschlag (§ 34a Abs. 1 und 2 EStG).

Beispiel (Fortführung)

Die Personengesellschaft Kaiser OHG hält ihre Anteile an der Häberle GmbH im Betriebsvermögen und beschließt, für das Jahr 2022 keine Entnahmen zu tätigen. Infolgedessen stellen die Gesellschafter einen Antrag auf Berechnung der Einkommensteuer mit dem Thesaurierungssteuersatz in Höhe von 28,25 %.

Für die OHG ergibt sich die Berechnung wie in Abb. 11.4: ◄

Gemäß § 34a Abs. 3 und 4 EStG ist für Gewinne, die im Rahmen der Einkommensteuer dem Thesaurierungssteuersatz unterlagen und zu späterem Zeitpunkt entnommen werden, eine Nachversteuerung durchzuführen. Die Einkommensteuer auf den Nachversteuerungsbetrag beträgt 25 % zuzüglich Solidaritätszuschlag. Der Nachversteuerung unterliegt nur der begünstigte Gewinn (sog. Begünstigungsbetrag) vermindert um die darauf entfallende Einkommensteuer und den Solidaritätszuschlag.

Beispiel (Fortführung)

Die Gesellschafter der Kaiser OHG beschließen in 2023 nun doch, den Gewinn aus den in 2022 bezogenen Dividenden der Häberle GmbH vollständig zu entnehmen.

Es ergibt sich die Nachversteuerung wie in Abb. 11.5: ◄

11.3.2.2 Ausschüttung ins Betriebsvermögen ohne Nutzung der Thesaurierungsbegünstigung

Wird der Antrag auf Anwendung des Thesaurierungssteuersatzes unterlassen oder wird die ausgeschüttete Dividende noch im Jahr des Bezuges aus dem Betriebsvermögen entnommen, unterliegen nach dem Teileinkünfteverfahren 60 % der Dividendenbezüge dem

Dividendenbezug i. H. d. Beteiligung von 20 % d. Gewinns nach Steuern			*35.371 €*
./.	*40 % steuerfrei (§ 3 Nr. 40 S. 1d i. V. m. S. 2 EStG)*	*14.148 €*	
=	*Steuerpflichtiger Gewinn*	*21.223 €*	
Begünstigter Gewinn (§ 34a Abs. 1 EStG)		*21.223 €*	
./.	*Einkommensteuer 28,25 % (§ 34a Abs. 1 EStG)*		*5.995 €*
./.	*Solidaritätszuschlag 5,5 %*		*330 €*
=	*Dividendenbezug nach persönlichen Steuern*		*29.046 €*
Gesamtsteuerbelastung auf Gesellschafts- und Gesellschafterebene			*22.954 €*
(bezogen auf die anteilige Steuerbelastung in Höhe von 16.629 €)			
Gesamtsteuerbelastung in %			*44,14 %*

Abb. 11.4 Berechnung OHG

Dividendenbezug nach persönlichen Steuern			*29.046 €*
Begünstigter Gewinn (§ 34a Abs. 1 EStG)		*21.223 €*	
./.	*Darauf entfallende Einkommensteuer 28,25 %*	*5.995 €*	
./.	*Darauf entfallender Solidaritätszuschlag 5,5 %*	*330 €*	
=	*Nachversteuerungsbetrag*	*14.898 €*	
./.	*Einkommensteuer 25 % (§ 34a Abs. 4 EStG)*	*3.725 €*	
./.	*Solidaritätszuschlag 5,5 %*	*205 €*	
=	*Gewinn nach Steuern*	*25.116 €*	
Gesamtsteuerbelastung auf Gesellschafts- und Gesellschafterebene			*26.884 €*
(bezogen auf die anteilige Steuerbelastung in Höhe von 16.629 €)			
Gesamtsteuerbelastung in %			*51,70 %*

Abb. 11.5 Nachversteuerung

persönlichen Steuersatz in Höhe von maximal 45 % (§ 32a EStG) zuzüglich Solidaritätszuschlag. Zudem sind hier entstandene Betriebsausgaben zu 60 % abzugsfähig.

Beispiel (Fortführung)

Die Einzelunternehmerin Frau Schmidt hält ihre Anteile an der Häberle GmbH im
Betriebsvermögen. Sie beschließt, den erhaltenen Dividendenbezug der Häberle
GmbH sofort im Jahr 2022 vollständig zu entnehmen. Frau Schmidt unterliegt dem
Spitzensteuersatz von 45 %.

Für Frau Schmidt ergibt sich die Berechnung wie in Abb. 11.6: ◄

Aus den vorangegangenen Berechnungen ist zu erkennen, dass die Steuerbelastung
bei einer sofortigen Entnahme der Dividendenbezüge aus dem Betriebsvermögen –
bei Anwendung des Spitzensteuersatzes – nicht wesentlich niedriger ist als bei einer
späteren Entnahme der Bezüge, die vorab dem Thesaurierungssteuersatz unterlagen.

11.3.3 Anteile im Betriebsvermögen einer Kapitalgesellschaft

Dividendenbezüge, die eine im Inland unbeschränkt steuerpflichtige Kapitalgesellschaft
von einer GmbH erhält, bleiben gem. § 8b Abs. 1 KStG bei der Ermittlung des Ein-

Dividendenbezug i. H. d. Beteiligung von 20 % d. Gewinns nach Steuern			*35.371 €*
./.	*40 % steuerfrei (§ 3 Nr. 40 S. 1d i. V. m. S. 2 EStG)*	*14.148 €*	
=	*Einkünfte aus Gewerbebetrieb (§ 15 Abs. 1 EStG)*	*21.223 €*	
./.	*Einkommensteuer 45 % (§ 32a Abs. 1 EStG)*		*9.550 €*
./.	*Solidaritätszuschlag 5,5 %*		*525 €*
=	*Dividendenbezug nach persönlichen Steuern*		*25.296 €*
Gesamtsteuerbelastung auf Gesellschafts- und Gesellschafterebene			*26.704 €*
(bezogen auf die anteilige Steuerbelastung in Höhe von 16.629 €)			
Gesamtsteuerbelastung in %			*51,35 %*

Abb. 11.6 Berechnung Frau Schmidt

kommens außer Ansatz. Dies galt bis 28. Februar 2013 unabhängig von einer Mindest-beteiligungsquote und einer Mindestbeteiligungsdauer. Jedoch besteht nach § 8b Abs. 5 KStG ein pauschales, fiktives Betriebsausgabenabzugsverbot in Höhe von 5 % der Dividende. Die Steuerbefreiung beträgt somit effektiv 95 %. Folglich besteuert die GmbH 5 % der Dividende und erhält im Gegenzug den vollen Betriebsausgabenabzug der angefallenen Kosten. Für nach dem 28. Februar 2013 zufließende Dividendenbezüge sieht § 8b Abs. 4 KStG eine Mindestbeteiligungsquote zu Beginn eines Kalenderjahres in Höhe von 10 % vor, um die Steuerbefreiung zu erhalten.

Für die Gewerbesteuer galt bereits zuvor nicht grundsätzlich eine Steuerbefreiung. Zu beachten ist, dass die Mindestbeteiligungsquoten bei der Körperschaftsteuer und der Gewerbesteuer unterschiedlich sind. Gewerbesteuer fällt an, wenn die Beteiligungsquote zu Beginn des Erhebungszeitraums unter 15 % liegt.

Beispiel (Fortführung)

Für die Schulze GmbH und die Maier GmbH ergibt sich jeweils die Berechnung wie in Abb. 11.7:

Die Schulze GmbH und die Maier GmbH sind aufgrund ihrer Beteiligungsquote in Höhe von 20 % von der Körperschaftsteuer (effektiv zu 95 %) und der Gewerbesteuer befreit. ◄

11.4 Zinsschranke

Betrieblich veranlasster Zinsaufwand einer GmbH stellt grundsätzlich steuerlich abzugs-fähige Betriebsausgaben dar. Dies gilt auch für Zinsen im Rahmen einer Gesellschafter-fremdfinanzierung. Mit dem UntStRefG 2008 wurde in § 4 h EStG – insbesonere für GmbHs durch § 8a KStG – ein Abzugsverbot für Zinsaufwendungen in Form der sog. Zinsschranke eingeführt. Demzufolge bleiben Zinsaufwendungen bis zur Höhe der Zins-erträge voll abzugsfähig. Darüber hinausgehende Zinsaufwendungen sind nur bis 30 %

Dividendenbezug i. H. d. Beteiligung von 20 % d. Gewinns nach Steuern		*35.371 €*
./.	*95 % steuerfrei (§ 8b Abs. 1 und 5 KStG)*	*33.602 €*
=	*Zu versteuerndes Einkommen*	*1.769 €*
×	*Körperschaftsteuer 15 %*	
=	*Festzusetzende Körperschaftsteuer*	*265 €*
×	*Solidaritätszuschlag 5,5 %*	
=	*Solidaritätszuschlag*	*15 €*
=	*Dividendenbezug nach Steuern*	*35.091 €*
Gesamtsteuerbelastung auf Gesellschafts- und Gesellschafterebene		*16.909 €*
(bezogen auf die anteilige Steuerbelastung in Höhe von 16.629 €)		
Gesamtsteuerbelastung in %		*32,52 %*

Abb. 11.7 Berechnung Schulze GmbH und Maier GmbH

des EBITDA (um das Zinsergebnis sowie Abschreibungen bereinigter steuerpflichtiger Gewinn) abzugsfähig.

Die Zinsschranke kommt nicht zur Anwendung, wenn der Zinssaldo die Freigrenze von 3 Mio. € nicht übersteigt (§ 4 h Abs. 2 Satz 1 Buchst. a EStG). Kleine und mittelgroße GmbHs sind damit regelmäßig von der Zinsschranke nicht betroffen. Zu beachten ist jedoch, dass eine Freigrenze nicht mit einem Freibetrag gleichzusetzen ist. Übersteigt der Zinssaldo die Freigrenze, unterliegt die GmbH mit dem gesamten Zinssaldo der Zinsschrankenregelung.

Ist der Zinssaldo größer als 30 % des steuerlichen EBITDA, sind die verbleibenden Zinsaufwendungen temporär nicht abzugsfähig und in die folgenden Wirtschaftsjahre – zeitlich unbegrenzt – vorzutragen (Zinsvortrag). Ein Rücktrag ist nicht möglich.

Das Prüfungsschema wie in Abb. 11.8 kann zur Vorabprüfung angewandt werden:

Wie das Schaubild zeigt, greift die Zinsschranke bei GmbHs mit Konzernzugehörigkeit, bei denen die Eigenkapitalquote niedriger als die des Konzerns ist. Ein

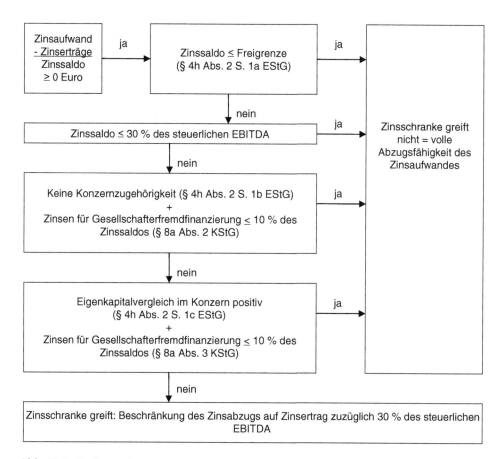

Abb. 11.8 Prüfungsschema

Unterschreiten bis zu zwei Prozentpunkten ist unschädlich. Bei einer GmbH ohne Konzernzugehörigkeit und bei einer konzernzugehörigen GmbH, bei der der Eigenkapitalvergleich positiv ist, ist die Zinsschranke nur bei einer sog. „schädlichen Gesellschafterfremdfinanzierung" anzuwenden. Die Zinsschranke greift, soweit die Vergütungen für Fremdkapital an

- einen zu mehr als 25 % unmittelbar oder mittelbar beteiligten Anteilseigner,
- eine diesem nahestehende Person oder
- einen Dritten mit Rückgriffsrecht auf einen solchen Anteilseigner oder auf eine diesem nahe stehende Person

mehr als 10 % des Zinssaldos der GmbH betragen.

11.5 Verdeckte Gewinnausschüttung (vGA)

Der Begriff „verdeckte Gewinnausschüttung" ist gesetzlich nicht definiert. Dieser hat sich vielmehr aus der Rechtsprechung entwickelt. Inzwischen ist unter einer vGA im Sinne des § 8 Abs. 3 S. 2 KStG eine Vermögensminderung oder verhinderte Vermögensmehrung der GmbH zu verstehen, die

- durch das Gesellschaftsverhältnis veranlasst ist,
- sich auf die Höhe des Einkommens auswirkt und
- in keinem Zusammenhang zu einer offenen Ausschüttung steht.

Der Bundesfinanzhof (BFH) hat in seinen Urteilen eine Veranlassung durch das Gesellschaftsverhältnis angenommen, wenn die Kapitalgesellschaft ihrem Gesellschafter einen Vermögensvorteil zuwendet bzw. eine Vermögensmehrung verhindert, den bzw. die unter sonst gleichen Umständen ein ordentlicher und gewissenhafter Geschäftsführer, der nicht Gesellschafter ist, nicht vorgenommen bzw. hingenommen hätte.

Im Umkehrschluss ist eine vGA ausgeschlossen, wenn die GmbH bei Anwendung der Sorgfalt eines ordentlichen und gewissenhaften Geschäftsführers die Vermögensminderung oder verhinderte Vermögensmehrung unter sonst gleichen Umständen auch gegenüber einem Nichtgesellschafter hingenommen hätte.

Beispiele für eine vGA:

- Ein Gesellschafter erhält für seine Tätigkeit als Geschäftsführer ein unangemessen hohes Gehalt.
- Eine GmbH zahlt an einen Gesellschafter überhöhte erfolgsabhängige Vergütungen neben einem angemessenen Gehalt (Festgehalt und Tantieme sollten im Regelfall im Verhältnis 75:25 stehen).

- Ein Gesellschafter erhält von der GmbH ein zinsloses oder niedrig verzinsliches Darlehen.
- Ein Gesellschafter erhält von der GmbH ein Darlehen, obwohl schon bei Darlehensgewährung mit der Uneinbringlichkeit gerechnet werden muss.
- Ein Gesellschafter gewährt der GmbH ein Darlehen zu einem gemessen an Marktgegebenheiten überhöhten Zinssatz.
- Der Gesellschafter vermietet an die GmbH oder mietet von dieser Gegenstände oder überlässt ihr Rechte oder nutzt deren gesellschaftseigene Rechte zu einem unangemessenen Preis.
- Ein Gesellschafter liefert an die GmbH Waren oder erwirbt von dieser Waren oder andere Wirtschaftsgüter zu unangemessenen Preisen oder erhält besondere Preisnachlässe und Rabatte.
- Eine GmbH übernimmt zugunsten eines Gesellschafters eine Schuld oder andere Verpflichtungen (z. B. Bürgschaften).

Handelt es sich bei der begünstigten Person um einen beherrschenden Gesellschafter, wird regelmäßig bereits eine vGA angenommen, wenn die GmbH eine Leistung an diesen Gesellschafter erbringt, für die es an einer klaren, im Voraus getroffenen, zivilrechtlich wirksamen und tatsächlich durchgeführten Vereinbarung fehlt.

Eine vGA hat auf Ebene der GmbH stets die nachteilige Wirkung, dass sich ihr zu versteuerndes Einkommen durch die außerbilanzielle Hinzurechnung der vGA erhöht. Auf Ebene der Gesellschafter unterliegt diese, bei Ausschüttung ins Privatvermögen, als Einkünfte aus Kapitalvermögen der Abgeltungssteuer.

Durch eine Rückzahlung des empfangenen Vorteils kann eine Berichtigung der vGA nicht erreicht werden. Dies gilt unabhängig davon, ob die Rückzahlung auf einer gesetzlichen Verpflichtung (§ 31 GmbHG) oder einer Vereinbarung zwischen GmbH und dem Gesellschafter beruht oder freiwillig erfolgt. Auch sog. Steuer- oder Satzungsklauseln, die die Verpflichtung zur Rückgewähr von vGAs festlegen, führen nicht zur steuerlichen Korrektur einer vGA.

Anhang 12

12.1 Gliederung der Bilanz und Gewinn- und Verlustrechnung, Anhang

12.1.1 Gliederung der Bilanz nach § 266 HGB

(1) Die Bilanz ist in Kontoform aufzustellen. Dabei haben mittelgroße und große Kapitalgesellschaften (§ 267 Absatz 2 und 3) auf der Aktivseite die in Absatz 2 und auf der Passivseite die in Absatz 3 bezeichneten Posten gesondert und in der vorgeschriebenen Reihenfolge auszuweisen. Kleine Kapitalgesellschaften (§ 267 Abs. 1) brauchen nur eine verkürzte Bilanz aufzustellen, in die nur die in den Absätzen 2 und 3 mit Buchstaben und römischen Zahlen bezeichneten Posten gesondert und in der vorgeschriebenen Reihenfolge aufgenommen werden. Kleinst-kapitalgesellschaften (§ 267a) brauchen nur eine verkürzte Bilanz aufzustellen, in die nur die in den Absätzen 2 und 3 mit Buchstaben bezeichneten Posten gesondert und in der vorgeschriebenen Reihenfolge aufgenommen werden.

(2) Aktivseite

A. Anlagevermögen:

    I.   Immaterielle Vermögensgegenstände:

         1. Selbst geschaffene gewerbliche Schutzrechte und ähnliche Rechte und Werte;

         2. entgeltlich erworbene Konzessionen, gewerbliche Schutzrechte und ähn-liche Rechte und Werte sowie Lizenzen an solchen Rechten und Werten;

         3. Geschäfts- oder Firmenwert;

         4. geleistete Anzahlungen;

    II. Sachanlagen:

         1. Grundstücke, grundstücksgleiche Rechte und Bauten einschließlich der Bauten auf fremden Grundstücken;

© Springer-Verlag GmbH Deutschland, ein Teil von Springer Nature 2022
A. Sattler et al., *Der Ingenieur als GmbH-Geschäftsführer,*
https://doi.org/10.1007/978-3-662-65836-9_12

        2. technische Anlagen und Maschinen;

        3. andere Anlagen, Betriebs- und Geschäftsausstattung;

        4. geleistete Anzahlungen und Anlagen im Bau;

  III. Finanzanlagen:

        1. Anteile an verbundenen Unternehmen;

        2. Ausleihungen an verbundene Unternehmen;

        3. Beteiligungen;

        4. Ausleihungen an Unternehmen, mit denen ein Beteiligungsverhältnis besteht;

        5. Wertpapiere des Anlagevermögens;

        6. sonstige Ausleihungen.

B. Umlaufvermögen:

   I. Vorräte:

        1. Roh-, Hilfs- und Betriebsstoffe;

        2. unfertige Erzeugnisse, unfertige Leistungen;

        3. fertige Erzeugnisse und Waren;

        4. geleistete Anzahlungen;

   II. Forderungen und sonstige Vermögensgegenstände:

        1. Forderungen aus Lieferungen und Leistungen;

        2. Forderungen gegen verbundene Unternehmen;

        3. Forderungen gegen Unternehmen, mit denen ein Beteiligungsverhältnis besteht;

        4. sonstige Vermögensgegenstände;

  III. Wertpapiere:

        1. Anteile an verbundenen Unternehmen;

        2. sonstige Wertpapiere;

  IV. Kassenbestand, Bundesbankguthaben, Guthaben bei Kreditinstituten und Schecks.

C. Rechnungsabgrenzungsposten.

D. Aktive latente Steuern.

E. Aktiver Unterschiedsbetrag aus der Vermögensverrechnung.

(3) Passivseite

A. Eigenkapital:

   I. Gezeichnetes Kapital;

   II. Kapitalrücklage;

  III. Gewinnrücklagen:

        1. gesetzliche Rücklage;

        2. Rücklage für Anteile an einem herrschenden oder mehrheitlich beteiligten Unternehmen;

        3. satzungsmäßige Rücklagen;

        4. andere Gewinnrücklagen;

    IV. Gewinnvortrag/Verlustvortrag;

    V. Jahresüberschuss/Jahresfehlbetrag.

B. Rückstellungen:

    1. Rückstellungen für Pensionen und ähnliche Verpflichtungen;

    2. Steuerrückstellungen;

    3. sonstige Rückstellungen.

C. Verbindlichkeiten:

    1. Anleihen

       davon konvertibel;

    2. Verbindlichkeiten gegenüber Kreditinstituten;

    3. erhaltene Anzahlungen auf Bestellungen;

    4. Verbindlichkeiten aus Lieferungen und Leistungen;

    5. Verbindlichkeiten aus der Annahme gezogener Wechsel und der Ausstellung eigener Wechsel;

    6. Verbindlichkeiten gegenüber verbundenen Unternehmen;

    7. Verbindlichkeiten gegenüber Unternehmen, mit denen ein Beteiligungsverhältnis besteht;

    8. sonstige Verbindlichkeiten,

       davon aus Steuern,

       davon im Rahmen der sozialen Sicherheit.

D. Rechnungsabgrenzungsposten.

E. Passive latente Steuern.

12.1.2 Gliederung der Gewinn- und Verlustrechnung nach § 275 HGB

(1) Die Gewinn- und Verlustrechnung ist in Staffelform nach dem Gesamtkostenverfahren oder dem Umsatzkostenverfahren aufzustellen. Dabei sind die in Absatz 2 oder 3 bezeichneten Posten in der angegebenen Reihenfolge gesondert auszuweisen.

(2) Bei Anwendung des Gesamtkostenverfahrens sind auszuweisen:

    1. Umsatzerlöse

    2. Erhöhung oder Verminderung des Bestands an fertigen und unfertigen Erzeugnissen

    3. andere aktivierte Eigenleistungen

    4. sonstige betriebliche Erträge

    5. Materialaufwand:

       a. Aufwendungen für Roh-, Hilfs- und Betriebsstoffe und für bezogene Waren

       b. Aufwendungen für bezogene Leistungen

    6. Personalaufwand:

       a. Löhne und Gehälter

       b. Soziale Abgaben und Aufwendungen für Altersversorgung und für Unterstützung, davon für Altersversorgung

7. Abschreibungen:
   a. auf immaterielle Vermögensgegenstände des Anlagevermögens und Sachanlagen
   b. auf Vermögensgegenstände des Umlaufvermögens, soweit diese die in der Kapitalgesellschaft üblichen Abschreibungen überschreiten
8. sonstige betriebliche Aufwendungen
9. Erträge aus Beteiligungen,
   davon aus verbundenen Unternehmen
10. Erträge aus anderen Wertpapieren und Ausleihungen des Finanzanlagevermögens,
    davon aus verbundenen Unternehmen
11. sonstige Zinsen und ähnliche Erträge,
    davon aus verbundenen Unternehmen
12. Abschreibungen auf Finanzanlagen und auf Wertpapiere des Umlaufvermögens
13. Zinsen und ähnliche Aufwendungen,
    davon an verbundene Unternehmen
14. Steuern vom Einkommen und vom Ertrag
15. Ergebnis nach Steuern
16. sonstige Steuern
17. Jahresüberschuss/Jahresfehlbetrag.

(3) Bei Anwendung des Umsatzkostenverfahrens sind auszuweisen:
1. Umsatzerlöse
2. Herstellungskosten der zur Erzielung der Umsatzerlöse erbrachten Leistungen
3. Bruttoergebnis vom Umsatz
4. Vertriebskosten
5. allgemeine Verwaltungskosten
6. sonstige betriebliche Erträge
7. sonstige betriebliche Aufwendungen
8. Erträge aus Beteiligungen,
   davon aus verbundenen Unternehmen
9. Erträge aus anderen Wertpapieren und Ausleihungen des Finanzanlagevermögens,
   davon aus verbundenen Unternehmen
10. sonstige Zinsen und ähnliche Erträge,
    davon aus verbundenen Unternehmen
11. Abschreibungen auf Finanzanlagen und auf Wertpapiere des Umlaufvermögens
12. Zinsen und ähnliche Aufwendungen,
    davon an verbundene Unternehmen
13. Steuern vom Einkommen und vom Ertrag
14. Ergebnis nach Steuern
15. sonstige Steuern
16. Jahresüberschuss/Jahresfehlbetrag.

(4) Veränderungen der Kapital- und Gewinnrücklagen dürfen in der Gewinn- und Verlustrechnung erst nach dem Posten „Jahresüberschuss/Jahresfehlbetrag" ausgewiesen werden.

(5) Kleinstkapitalgesellschaften (§ 267a) können anstelle der Staffelungen nach den Absätzen 2 und 3 die Gewinn- und Verlustrechnung wie folgt darstellen:

1. Umsatzerlöse,
2. sonstige Erträge,
3. Materialaufwand,
4. Personalaufwand,
5. Abschreibungen,
6. sonstige Aufwendungen,
7. Steuern,
8. Jahresüberschuss/Jahresfehlbetrag.

12.1.3 Größenabhängige Erleichterungen nach § 274a HGB und § 276 HGB

Kleine Kapitalgesellschaften sind von der Anwendung der folgenden Vorschriften befreit:

1. § 268 Abs. 4 Satz 2 über die Pflicht zur Erläuterung bestimmter Forderungen im Anhang,
2. § 268 Abs. 5 Satz 3 über die Erläuterung bestimmter Verbindlichkeiten im Anhang,
3. § 268 Abs. 6 über den Rechnungsabgrenzungsposten nach § 250 Abs. 3,
4. § 274 über die Abgrenzung latenter Steuern.

Kleine und mittelgroße Kapitalgesellschaften (§ 267 Abs. 1, 2) dürfen die Posten § 275 Abs. 2 Nr. 1 bis 5 oder Abs. 3 Nr. 1 bis 3 und 6 zu einem Posten unter der Bezeichnung "Rohergebnis" zusammenfassen. Die Erleichterungen nach Satz 1 gelten nicht für Kleinstkapitalgesellschaften (§ 267a), die von der Regelung des § 275 Absatz 5 Gebrauch machen.

12.1.4 Erläuterungen der Bilanz- und der Gewinn- und Verlustrechnung nach § 284 HGB

(1) In den Anhang sind diejenigen Angaben aufzunehmen, die zu den einzelnen Posten der Bilanz oder der Gewinn- und Verlustrechnung vorgeschrieben sind; sie sind in der Reihenfolge der einzelnen Posten der Bilanz und der Gewinn- und Verlustrechnung darzustellen. Im Anhang sind auch die Angaben zu machen, die in Ausübung eines Wahlrechts nicht in die Bilanz oder in die Gewinn- und Verlustrechnung aufgenommen wurden.

(2) Im Anhang müssen

1. die auf die Posten der Bilanz und der Gewinn- und Verlustrechnung angewandten Bilanzierungs- und Bewertungsmethoden angegeben werden;

2. Abweichungen von Bilanzierungs- und Bewertungsmethoden angegeben und begründet werden; deren Einfluss auf die Vermögens-, Finanz- und Ertragslage ist gesondert darzustellen;

3. bei Anwendung einer Bewertungsmethode nach § 240 Abs. 4, § 256 Satz 1 die Unterschiedsbeträge pauschal für die jeweilige Gruppe ausgewiesen werden, wenn die Bewertung im Vergleich zu einer Bewertung auf der Grundlage des letzten vor dem Abschlussstichtag bekannten Börsenkurses oder Marktpreises einen erheblichen Unterschied aufweist;

4. Angaben über die Einbeziehung von Zinsen für Fremdkapital in die Herstellungskosten gemacht werden.

(3) Im Anhang ist die Entwicklung der einzelnen Posten des Anlagevermögens in einer gesonderten Aufgliederung darzustellen. Dabei sind, ausgehend von den gesamten Anschaffungs- und Herstellungskosten, die Zugänge, Abgänge, Umbuchungen und Zuschreibungen des Geschäftsjahrs sowie die Abschreibungen gesondert aufzuführen. Zu den Abschreibungen sind gesondert folgende Angaben zu machen:

1. die Abschreibungen in ihrer gesamten Höhe zu Beginn und Ende des Geschäftsjahrs,

2. die im Laufe des Geschäftsjahrs vorgenommenen Abschreibungen und

3. Änderungen in den Abschreibungen in ihrer gesamten Höhe im Zusammenhang mit Zu- und Abgängen sowie Umbuchungen im Laufe des Geschäftsjahrs.

Sind in die Herstellungskosten Zinsen für Fremdkapital einbezogen worden, ist für jeden Posten des Anlagevermögens anzugeben, welcher Betrag an Zinsen im Geschäftsjahr aktiviert worden ist.

12.1.5 Sonstige Pflichtangaben nach § 285 HGB

Ferner sind im Anhang anzugeben:

1. zu den in der Bilanz ausgewiesenen Verbindlichkeiten

a. der Gesamtbetrag der Verbindlichkeiten mit einer Restlaufzeit von mehr als fünf Jahren,

b. der Gesamtbetrag der Verbindlichkeiten, die durch Pfandrechte oder ähnliche Rechte gesichert sind, unter Angabe von Art und Form der Sicherheiten;

2. die Aufgliederung der in Nummer 1 verlangten Angaben für jeden Posten der Verbindlichkeiten nach dem vorgeschriebenen Gliederungsschema;

3. Art und Zweck sowie Risiken, Vorteile und finanzielle Auswirkungen von nicht in der Bilanz enthaltenen Geschäften, soweit die Risiken und Vorteile wesentlich sind und die Offenlegung für die Beurteilung der Finanzlage des Unternehmens erforderlich ist;

3a. der Gesamtbetrag der sonstigen finanziellen Verpflichtungen, die nicht in der Bilanz enthalten sind und die nicht nach § 268 Absatz 7 oder Nummer 3 anzugeben sind, sofern diese Angabe für die Beurteilung der Finanzlage von Bedeutung ist; davon sind Verpflichtungen betreffend die Altersversorgung und Verpflichtungen gegenüber verbundenen oder assoziierten Unternehmen jeweils gesondert anzugeben;

4. die Aufgliederung der Umsatzerlöse nach Tätigkeitsbereichen sowie nach geografisch bestimmten Märkten, soweit sich unter Berücksichtigung der Organisation des Verkaufs, der Vermietung oder Verpachtung von Produkten und der Erbringung von Dienstleistungen der Kapitalgesellschaft die Tätigkeitsbereiche und geografisch bestimmten Märkte untereinander erheblich unterscheiden;

5. (weggefallen)

6. (weggefallen)

7. die durchschnittliche Zahl der während des Geschäftsjahrs beschäftigten Arbeitnehmer getrennt nach Gruppen;

8. bei Anwendung des Umsatzkostenverfahrens (§ 275 Abs. 3)

   a. der Materialaufwand des Geschäftsjahrs, gegliedert nach § 275 Abs. 2 Nr. 5,

   b. der Personalaufwand des Geschäftsjahrs, gegliedert nach § 275 Abs. 2 Nr. 6;

9. für die Mitglieder des Geschäftsführungsorgans, eines Aufsichtsrats, eines Beirats oder einer ähnlichen Einrichtung jeweils für jede Personengruppe

   a. die für die Tätigkeit im Geschäftsjahr gewährten Gesamtbezüge (Gehälter, Gewinnbeteiligungen, Bezugsrechte und sonstige aktienbasierte Vergütungen, Aufwandsentschädigungen, Versicherungsentgelte, Provisionen und Nebenleistungen jeder Art). In die Gesamtbezüge sind auch Bezüge einzurechnen, die nicht ausgezahlt, sondern in Ansprüche anderer Art umgewandelt oder zur Erhöhung anderer Ansprüche verwendet werden. Außer den Bezügen für das Geschäftsjahr sind die weiteren Bezüge anzugeben, die im Geschäftsjahr gewährt, bisher aber in keinem Jahresabschluss angegeben worden sind. Bezugsrechte und sonstige aktienbasierte Vergütungen sind mit ihrer Anzahl und dem beizulegenden Zeitwert zum Zeitpunkt ihrer Gewährung anzugeben; spätere Wertveränderungen, die auf einer Änderung der Ausübungsbedingungen beruhen, sind zu berücksichtigen;

   b. die Gesamtbezüge (Abfindungen, Ruhegehälter, Hinterbliebenenbezüge und Leistungen verwandter Art) der früheren Mitglieder der bezeichneten Organe und ihrer Hinterbliebenen. Buchstabe a Satz 2 und 3 ist entsprechend anzuwenden. Ferner ist der Betrag der für diese Personengruppe gebildeten Rückstellungen für laufende Pensionen und Anwartschaften auf Pensionen und der Betrag der für diese Verpflichtungen nicht gebildeten Rückstellungen anzugeben;

   c. die gewährten Vorschüsse und Kredite unter Angabe der Zinssätze, der wesentlichen Bedingungen und der gegebenenfalls im Geschäftsjahr zurückgezahlten oder erlassenen Beträge sowie die zugunsten dieser Personen eingegangenen Haftungsverhältnisse;

10. alle Mitglieder des Geschäftsführungsorgans und eines Aufsichtsrats, auch wenn sie im Geschäftsjahr oder später ausgeschieden sind, mit dem Familiennamen und mindestens einem ausgeschriebenen Vornamen, einschließlich des ausgeübten Berufs und bei börsennotierten Gesellschaften auch der Mitgliedschaft in Aufsichtsräten und anderen Kontrollgremien im Sinne des § 125 Abs. 1 Satz 5 des Aktiengesetzes. Der Vorsitzende eines Aufsichtsrats, seine Stellvertreter und ein etwaiger Vorsitzender des Geschäftsführungsorgans sind als solche zu bezeichnen;

11. Name und Sitz anderer Unternehmen, die Höhe des Anteils am Kapital, das Eigenkapital und das Ergebnis des letzten Geschäftsjahrs dieser Unternehmen, für das ein Jahresabschluss vorliegt, soweit es sich um Beteiligungen im Sinne des § 271 Absatz 1 handelt oder ein solcher Anteil von einer Person für Rechnung der Kapitalgesellschaft gehalten wird;

11a. Name, Sitz und Rechtsform der Unternehmen, deren unbeschränkt haftender Gesellschafter die Kapitalgesellschaft ist;

11b. von börsennotierten Kapitalgesellschaften sind alle Beteiligungen an großen Kapitalgesellschaften anzugeben, die 5 Prozent der Stimmrechte überschreiten;

12. Rückstellungen, die in der Bilanz unter dem Posten „sonstige Rückstellungen" nicht gesondert ausgewiesen werden, sind zu erläutern, wenn sie einen nicht unerheblichen Umfang haben;

13. jeweils eine Erläuterung des Zeitraums, über den ein entgeltlich erworbener Geschäfts- oder Firmenwert abgeschrieben wird;

14. Name und Sitz des Mutterunternehmens der Kapitalgesellschaft, das den Konzernabschluss für den größten Kreis von Unternehmen aufstellt, sowie der Ort, wo der von diesem Mutterunternehmen aufgestellte Konzernabschluss erhältlich ist;

14a. Name und Sitz des Mutterunternehmens der Kapitalgesellschaft, das den Konzernabschluss für den kleinsten Kreis von Unternehmen aufstellt, sowie der Ort, wo der von diesem Mutterunternehmen aufgestellte Konzernabschluss erhältlich ist;

15. soweit es sich um den Anhang des Jahresabschlusses einer Personenhandelsgesellschaft im Sinne des § 264a Abs. 1 handelt, Name und Sitz der Gesellschaften, die persönlich haftende Gesellschafter sind, sowie deren gezeichnetes Kapital;

15a. das Bestehen von Genussscheinen, Genussrechten, Wandelschuldverschreibungen, Optionsscheinen, Optionen, Besserungsscheinen oder vergleichbaren Wertpapieren oder Rechten, unter Angabe der Anzahl und der Rechte, die sie verbriefen;

16. dass die nach § 161 des Aktiengesetzes vorgeschriebene Erklärung abgegeben und wo sie öffentlich zugänglich gemacht worden ist;

17. das von dem Abschlussprüfer für das Geschäftsjahr berechnete Gesamthonorar, aufgeschlüsselt in das Honorar für
    a. die Abschlussprüfungsleistungen,
    b. andere Bestätigungsleistungen,
    c. Steuerberatungsleistungen,
    d. sonstige Leistungen,
    soweit die Angaben nicht in einem das Unternehmen einbeziehenden Konzernabschluss enthalten sind;

18. für zu den Finanzanlagen (§ 266 Abs. 2 A. III.) gehörende Finanzinstrumente, die über ihrem beizulegenden Zeitwert ausgewiesen werden, da eine außerplanmäßige Abschreibung nach § 253 Absatz 3 Satz 6 unterblieben ist,
    a. der Buchwert und der beizulegende Zeitwert der einzelnen Vermögensgegenstände oder angemessener Gruppierungen sowie
    b. die Gründe für das Unterlassen der Abschreibung einschließlich der Anhaltspunkte, die darauf hindeuten, dass die Wertminderung voraussichtlich nicht von Dauer ist;

19. für jede Kategorie nicht zum beizulegenden Zeitwert bilanzierter derivativer Finanzinstrumente
    a. deren Art und Umfang,
    b. deren beizulegender Zeitwert, soweit er sich nach § 255 Abs. 4 verlässlich ermitteln lässt, unter Angabe der angewandten Bewertungsmethode,
    c. deren Buchwert und der Bilanzposten, in welchem der Buchwert, soweit vorhanden, erfasst ist, sowie
    d. die Gründe dafür, warum der beizulegende Zeitwert nicht bestimmt werden kann;
20. für mit dem beizulegenden Zeitwert bewertete Finanzinstrumente
    a. die grundlegenden Annahmen, die der Bestimmung des beizulegenden Zeitwertes mithilfe allgemein anerkannter Bewertungsmethoden zugrunde gelegt wurden, sowie
    b. Umfang und Art jeder Kategorie derivativer Finanzinstrumente einschließlich der wesentlichen Bedingungen, welche die Höhe, den Zeitpunkt und die Sicherheit künftiger Zahlungsströme beeinflussen können;
21. zumindest die nicht zu marktüblichen Bedingungen zustande gekommenen Geschäfte, soweit sie wesentlich sind, mit nahe stehenden Unternehmen und Personen, einschließlich Angaben zur Art der Beziehung, zum Wert der Geschäfte sowie weiterer Angaben, die für die Beurteilung der Finanzlage notwendig sind; ausgenommen sind Geschäfte mit und zwischen mittel- oder unmittelbar in 100-%igem Anteilsbesitz stehenden in einen Konzernabschluss einbezogenen Unternehmen; Angaben über Geschäfte können nach Geschäftsarten zusammengefasst werden, sofern die getrennte Angabe für die Beurteilung der Auswirkungen auf die Finanzlage nicht notwendig ist;
22. im Fall der Aktivierung nach § 248 Abs. 2 der Gesamtbetrag der Forschungs- und Entwicklungskosten des Geschäftsjahrs sowie der davon auf die selbst geschaffenen immateriellen Vermögensgegenstände des Anlagevermögens entfallende Betrag;
23. bei Anwendung des § 254,
    a. mit welchem Betrag jeweils Vermögensgegenstände, Schulden, schwebende Geschäfte und mit hoher Wahrscheinlichkeit erwartete Transaktionen zur Absicherung welcher Risiken in welche Arten von Bewertungseinheiten einbezogen sind sowie die Höhe der mit Bewertungseinheiten abgesicherten Risiken,
    b. für die jeweils abgesicherten Risiken, warum, in welchem Umfang und für welchen Zeitraum sich die gegenläufigen Wertänderungen oder Zahlungsströme künftig voraussichtlich ausgleichen einschließlich der Methode der Ermittlung,
    c. eine Erläuterung der mit hoher Wahrscheinlichkeit erwarteten Transaktionen, die in Bewertungseinheiten einbezogen wurden,
    soweit die Angaben nicht im Lagebericht gemacht werden;
24. zu den Rückstellungen für Pensionen und ähnliche Verpflichtungen das angewandte versicherungsmathematische Berechnungsverfahren sowie die grundlegenden Annahmen der Berechnung, wie Zinssatz, erwartete Lohn- und Gehaltssteigerungen und zugrunde gelegte Sterbetafeln;
25. im Fall der Verrechnung von Vermögensgegenständen und Schulden nach § 246 Abs. 2 Satz 2 die Anschaffungskosten und der beizulegende Zeitwert der

verrechneten Vermögensgegenstände, der Erfüllungsbetrag der verrechneten Schulden sowie die verrechneten Aufwendungen und Erträge; Nummer 20 Buchstabe a ist entsprechend anzuwenden;

26. zu Anteilen an Sondervermögen im Sinn des § 1 Absatz 10 des Kapitalanlagegesetzbuchs oder Anlageaktien an Investmentaktiengesellschaften mit veränderlichem Kapital im Sinn der §§ 108 bis 123 des Kapitalanlagegesetzbuchs oder vergleichbaren EU-Investmentvermögen oder vergleichbaren ausländischen Investmentvermögen von mehr als dem zehnten Teil, aufgegliedert nach Anlagezielen, deren Wert im Sinne der §§ 168, 278 oder 286 Absatz 1 des Kapitalanlagegesetzbuchs oder vergleichbarer ausländischer Vorschriften über die Ermittlung des Marktwertes, die Differenz zum Buchwert und die für das Geschäftsjahr erfolgte Ausschüttung sowie Beschränkungen in der Möglichkeit der täglichen Rückgabe; darüber hinaus die Gründe dafür, dass eine Abschreibung gemäß § 253 Absatz 3 Satz 6 unterblieben ist, einschließlich der Anhaltspunkte, die darauf hindeuten, dass die Wertminderung voraussichtlich nicht von Dauer ist; Nummer 18 ist insoweit nicht anzuwenden;

27. für nach § 268 Abs. 7 im Anhang ausgewiesene Verbindlichkeiten und Haftungsverhältnisse die Gründe der Einschätzung des Risikos der Inanspruchnahme;

28. der Gesamtbetrag der Beträge im Sinn des § 268 Abs. 8, aufgegliedert in Beträge aus der Aktivierung selbst geschaffener immaterieller Vermögensgegenstände des Anlagevermögens, Beträge aus der Aktivierung latenter Steuern und aus der Aktivierung von Vermögensgegenständen zum beizulegenden Zeitwert;

29. auf welchen Differenzen oder steuerlichen Verlustvorträgen die latenten Steuern beruhen und mit welchen Steuersätzen die Bewertung erfolgt ist;

30. wenn latente Steuerschulden in der Bilanz angesetzt werden, die latenten Steuersalden am Ende des Geschäftsjahrs und die im Laufe des Geschäftsjahrs erfolgten Änderungen dieser Salden;

31. jeweils der Betrag und die Art der einzelnen Erträge und Aufwendungen von außergewöhnlicher Größenordnung oder außergewöhnlicher Bedeutung, soweit die Beträge nicht von untergeordneter Bedeutung sind;

32. eine Erläuterung der einzelnen Erträge und Aufwendungen hinsichtlich ihres Betrags und ihrer Art, die einem anderen Geschäftsjahr zuzurechnen sind, soweit die Beträge nicht von untergeordneter Bedeutung sind;

33. Vorgänge von besonderer Bedeutung, die nach dem Schluss des Geschäftsjahrs eingetreten und weder in der Gewinn- und Verlustrechnung noch in der Bilanz berücksichtigt sind, unter Angabe ihrer Art und ihrer finanziellen Auswirkungen;

34. der Vorschlag für die Verwendung des Ergebnisses oder der Beschluss über seine Verwendung.

12.1.6 Unterlassen von Angaben nach § 286 HGB

(1) Die Berichterstattung hat insoweit zu unterbleiben, als es für das Wohl der Bundesrepublik Deutschland oder eines ihrer Länder erforderlich ist.

(2) Die Aufgliederung der Umsatzerlöse nach § 285 Nr. 4 kann unterbleiben, soweit die Aufgliederung nach vernünftiger kaufmännischer Beurteilung geeignet ist, der Kapitalgesellschaft einen erheblichen Nachteil zuzufügen; die Anwendung der Ausnahmeregelung ist im Anhang anzugeben.

(3) Die Angaben nach § 285 Nr. 11 und 11b können unterbleiben, soweit sie

1. für die Darstellung der Vermögens-, Finanz- und Ertragslage der Kapitalgesellschaft nach § 264 Abs. 2 von untergeordneter Bedeutung sind oder

2. nach vernünftiger kaufmännischer Beurteilung geeignet sind, der Kapitalgesellschaft oder dem anderen Unternehmen einen erheblichen Nachteil zuzufügen.

Die Angabe des Eigenkapitals und des Jahresergebnisses kann unterbleiben, wenn das Unternehmen, über das zu berichten ist, seinen Jahresabschluss nicht offenzulegen hat und die berichtende Kapitalgesellschaft keinen beherrschenden Einfluss auf das betreffende Unternehmen ausüben kann. Satz 1 Nr. 2 ist nicht anzuwenden, wenn die Kapitalgesellschaft oder eines ihrer Tochterunternehmen (§ 290 Abs. 1 und 2) am Abschlussstichtag kapitalmarktorientiert im Sinn des § 264d ist. Im Übrigen ist die Anwendung der Ausnahmeregelung nach Satz 1 Nr. 2 im Anhang anzugeben.

(4) Bei Gesellschaften, die keine börsennotierten Aktiengesellschaften sind, können die in § 285 Nr. 9 Buchstabe a und b verlangten Angaben über die Gesamtbezüge der dort bezeichneten Personen unterbleiben, wenn sich anhand dieser Angaben die Bezüge eines Mitglieds dieser Organe feststellen lassen.

(5) (weggefallen)

12.1.7 Größenabhängige Erleichterungen nach § 288 HGB

(1) Kleine Kapitalgesellschaften (§ 267 Absatz 1) brauchen nicht

1. die Angaben nach § 264c Absatz 2 Satz 9, § 265 Absatz 4 Satz 2, § 284 Absatz 2 Nr. 3, Absatz 3, § 285 Nr. 2, 3, 4, 8, 9 Buchstabe a und b, Nummer 10 bis 12, 14, 15, 15a, 17 bis 19, 21, 22, 24, 26 bis 30, 32 bis 34 zu machen;

2. eine Trennung nach Gruppen bei der Angabe nach § 285 Nr. 7 vorzunehmen;

3. bei der Angabe nach § 285 Nr. 14a den Ort anzugeben, wo der vom Mutterunternehmen aufgestellte Konzernabschluss erhältlich ist.

(2) Mittelgroße Kapitalgesellschaften (§ 267 Absatz 2) brauchen die Angabe nach § 285 Nr. 4, 29 und 32 nicht zu machen. Wenn sie die Angabe nach § 285 Nr. 17 nicht machen, sind sie verpflichtet, diese der Wirtschaftsprüferkammer auf deren schriftliche Anforderung zu übermitteln. Sie brauchen die Angaben nach § 285 Nr. 21 nur zu machen, sofern die Geschäfte direkt oder indirekt mit einem Gesellschafter, Unternehmen, an denen die Gesellschaft selbst eine Beteiligung hält, oder Mitgliedern des Geschäftsführungs-, Aufsichts- oder Verwaltungsorgans abgeschlossen wurden.

12.2 Anlagen

12.2.1 Formulierungsbeispiele

Die nachstehenden Formulierungsbeispiele können eine qualifizierte Beratung imEinzelfall nicht ersetzen. Sie dienen lediglich der Anschauung und Information über-mögliche Gestaltungen.

12.2.1.1 Musterprotokolle gemäß Anlage zu § 2 Abs. 1a GmbHG

Musterprotokoll Gründung Einmanngesellschaft

UR. Nr. ....
Heute, den ....,
erschien vor mir, ...,
Notar/in mit dem Amtssitz in ....,
Herr/Frau[1] ....
....[2]

1. Der Erschienene errichtet hiermit nach § 2 Abs. 1a GmbHG eine Gesellschaft mit beschränkter Haftung unter der Firma .... mit dem Sitz in ....
   ....
2. Gegenstand des Unternehmens ist ....
3. Das Stammkapital der Gesellschaft beträgt .... € (i. W. ....
   .... €) und wird vollständig von Herrn/Frau[1] ....
   (Geschäftsanteil Nr. 1) übernommen. Die Einlage ist in Geld zu erbringen, und zwar sofort in voller Höhe/zu 50% sofort, im Übrigen sobald die Gesellschafterversammlung ihre Einforderung beschließt[3].
4. Zum Geschäftsführer der Gesellschaft wird Herr/Frau[4] ....
   ...., geboren am ...., wohnhaft in ...
   ....,
   bestellt. Der Geschäftsführer ist von den Beschränkungen des § 181 des Bürgerlichen Gesetzbuchs befreit.
5. Die Gesellschaft trägt die mit der Gründung verbundenen Kosten bis zu einem Gesamtbetrag von 300 €, höchstens jedoch bis zum Betrag ihres Stammkapitals. Darüber hinausgehende Kosten trägt der Gesellschafter.
6. Von dieser Urkunde erhält eine Ausfertigung der Gesellschafter, beglaubigte Ablichtungen die Gesellschaft und das Registergericht (in elektronischer Form) sowie eine einfache Abschrift das Finanzamt – Körperschaftsteuerstelle.
7. Der Erschienene wurde vom Notar/von der Notarin insbesondere auf Folgendes hingewiesen: ....
   ....

Hinweise:
1) Nicht Zutreffendes streichen. Bei juristischen Personen ist die Anrede Herr/Frau wegzulassen.
2) Hier sind neben der Bezeichnung des Gesellschafters und den Angaben zur notariellen Identitätsfeststellung ggf. der Güterstand und die Zustimmung des Ehegatten sowie die Angaben zu einer etwaigen Vertretung zu vermerken.
3) Nicht Zutreffendes streichen. Bei der Unternehmergesellschaft muss die zweite Alternative gestrichen werden.
4) Nicht Zutreffendes streichen

12.2.1.2 Musterprotokoll Gründung Mehrmanngesellschaft (bis 3 Gesellschafter)

UR. Nr. ....
Heute, den ....,
erschienen vor mir, ...,
Notar/in mit dem Amtssitz in ....,
Herr/Frau[1] .... ,[2] ,
.... ,
Herr/Frau[1]... ,[2] ,
.... ,
Herr/Frau[1] .... ,[2] .

1. Die Erschienenen errichten hiermit nach § 2 Abs. 1a GmbHG eine Gesellschaft mit beschränkter Haftung unter der Firma .... .mit dem Sitz in ....
   ....
2. Gegenstand des Unternehmens ist ....
3. Das Stammkapital der Gesellschaft beträgt .... € (i. W. ....
   .... Euro) und wird wie folgt übernommen:

   Herr/Frau[1] .... übernimmt einen
   Geschäftsanteil mit einem Nennbetrag in Höhe von .... € (i. W. ....
   .... €) (Geschäftsanteil Nr. 1),
   Herr/Frau[1] .... übernimmt einen
   Geschäftsanteil mit einem Nennbetrag in Höhe von ...... € (i. W. ....
   .... €) (Geschäftsanteil Nr. 2),
   Herr/Frau[1] ....übernimmt
   einen Geschäftsanteil mit einem Nennbetrag in Höhe von ...... € (i. W. ....
   .... €) (Geschäftsanteil Nr. 3).

   Die Einlagen sind in Geld zu erbringen, und zwar sofort in voller Höhe/zu 50 Prozent sofort, im Übrigen sobald die Gesellschafterversammlung ihre Einforderung beschließt[3].
4. Zum Geschäftsführer der Gesellschaft wird Herr/Frau[4] .... , geboren am . .
   .... , wohnhaft in .... , bestellt. Der Geschäftsführer ist von den Beschränkungen des § 181 des Bürgerlichen Gesetzbuchs befreit.
5. Die Gesellschaft trägt die mit der Gründung verbundenen Kosten bis zu einem Gesamtbetrag von 300 €, höchstens jedoch bis zum Betrag ihres Stammkapitals. Darüber hinausgehende Kosten tragen die Gesellschafter im Verhältnis der Nennbeträge ihrer Geschäftsanteile.
6. Von dieser Urkunde erhält eine Ausfertigung jeder Gesellschafter, beglaubigte Ablichtungen die Gesellschaft und das Registergericht (in elektronischer Form) sowie eine einfache Abschrift das Finanzamt – Körperschaftsteuerstelle.
7. Die Erschienenen wurden vom Notar/von der Notarin insbesondere auf Folgendes hingewiesen:..

Hinweise:
1) Nicht Zutreffendes streichen. Bei juristischen Personen ist die Anrede Herr/Frau wegzulassen.
2) Hier sind neben der Bezeichnung des Gesellschafters und den Angaben zur notariellen Identitätsfeststellung ggf. der Güterstand und die Zustimmung des Ehegatten sowie die Angaben zu einer etwaigen Vertretung zu vermerken.
3) Nicht Zutreffendes streichen. Bei der Unternehmergesellschaft muss die zweite Alternative gestrichen werden.
4) Nicht Zutreffendes streichen.

12.2.1.3 Muster Gesellschaftsvertrag (Satzung) für Einmanngesellschaft: GmbH

Platzhalter Abbildung 12.2.1.3 Muster GV Einmann-GmbH.doc.

§ 1   Firma und Sitz

(1)   Die Firma der Gesellschaft lautet:

X GmbH.

(2)   Sitz der Gesellschaft ist Musterstadt.

§ 2   Gegenstand des Unternehmens

(1)   Gegenstand des Unternehmens sind Erwerb, Halten und Verwalten eigenen Vermögens.

(2)   Die Gesellschaft ist berechtigt, sich an anderen Unternehmen zu beteiligen und alle Geschäfte und Maßnahmen vorzunehmen, welche den Gesellschaftszweck mittelbar oder unmittelbar zu fördern geeignet sind sowie Zweigniederlassungen im Inland zu errichten.

§ 3   Bekanntmachungen

Die Bekanntmachungen der Gesellschaft erfolgen nur im Bundesanzeiger.

§ 4   Stammkapital

(1)   Das Stammkapital beträgt 25.000 Euro.

(2)   Auf das Stammkapital übernehmen

der Gesellschafter X
den Geschäftsanteil Nr. 1 im Nennbetrag von 25.000 Euro.

(3)   Die Einlagen auf die Geschäftsanteile sind in bar in voller Höhe sofort einzuzahlen. *(alternativ: Der Geschäftsanteil ist sofort zur Hälfte in bar einzuzahlen, der Rest innerhalb von zwei Wochen nach Anforderung durch die Geschäftsführung.)*

§ 5   Geschäftsführung

(1)   Die Gesellschaft hat einen oder mehrere Geschäftsführer.

(2)   Die Geschäftsführer haben die Geschäfte der Gesellschaft mit der Sorgfalt eines ordentlichen Kaufmanns nach Maßgabe dieser Satzung, den Beschlüssen der Gesellschafterversammlung, einer etwaigen Geschäftsordnung für die Geschäftsführung sowie der gesetzlichen Bestimmungen zu führen.

(3)   Die Gesellschafterversammlung kann die Grundsätze der Geschäftsführung durch Beschluss einer Geschäftsordnung der Geschäftsführung regeln.

(4)   Die Gesellschafterversammlung kann jederzeit einen Katalog von Geschäftsführungsmaßnahmen beschließen, welche einer vorherigen Zustimmung der Gesellschafterversammlung bedürfen.

§ 6   Vertretung

(1)   Die Gesellschaft wird vertreten

  a)   wenn nur ein Geschäftsführer vorhanden ist, durch diesen stets einzeln;

  b)   wenn mehrere Geschäftsführer vorhanden sind, durch zwei Geschäftsführer gemeinsam oder durch einen Geschäftsführer gemeinsam mit einem Prokuristen.

(2)   Die Gesellschafterversammlung kann die Vertretung abweichend regeln, insbesondere Einzelvertretung anordnen oder aufheben und von den Beschränkungen des § 181 BGB befreien bzw. die erteilte Befreiung widerrufen.

(3)   Vorstehende Absätze 1 und 2 gelten entsprechend auch für Liquidatoren.

§ 7   Geschäftsjahr/Jahresabschluss

(1)   Das Geschäftsjahr ist das Kalenderjahr.

(2)   Für die Aufstellung des Jahresabschlusses und - soweit gesetzlich vorgeschrieben - den Lagebericht gelten die gesetzlichen Vorschriften. Der Gesellschafter entscheidet über die Ergebnisverwendung; er hat Anspruch auf den
Jahresüberschuss nur, soweit ein entsprechender Beschluss über eine teilweise oder vollständige Ausschüttung ergangen ist.

§ 8   Wettbewerbsverbot

Soweit gesetzlich zulässig, ist der Gesellschafter von etwaigen Wettbewerbsver-
boten gegenüber der Gesellschaft befreit.

§ 9   Dauer der Gesellschaft

Die Dauer der Gesellschaft ist nicht beschränkt.

§ 10   Gründungsaufwand

Die mit der Gründung der Gesellschaft verbundenen Notar-, Gerichts-, Behördenkosten und Steuern trägt die Gesellschaft bis zu einem Betrag von 2.500 Euro. Die
Gesellschaft trägt auch die mit künftigen Kapitalmaßnahmen (z.B. Kapitalerhöhungen) nebst Übernahmeerklärungen verbundenen Notar-, Gerichts-, Behördenkosten
und Steuern.

12.2.1.4 Muster Gesellschaftsvertrag (Satzung) für Einmanngesellschaft: UG

Platzhalter Abbildung 12.2.1.4 Muster GV Einmann-UG.doc.

§ 1   Firma und Sitz

(1)   Die Firma der Gesellschaft lautet:

X UG (haftungsbeschränkt).

(2)   Sitz der Gesellschaft ist Musterstadt.

§ 2   Gegenstand des Unternehmens

(1)   Gegenstand des Unternehmens sind Erwerb, Halten und Verwalten eigenen Vermögens.

(2)   Die Gesellschaft ist berechtigt, sich an anderen Unternehmen zu beteiligen und alle Geschäfte und Maßnahmen vorzunehmen, welche den Gesellschaftszweck mittelbar oder unmittelbar zu fördern geeignet sind sowie Zweigniederlassungen im Inland zu errichten.

§ 3   Bekanntmachungen

Die Bekanntmachungen der Gesellschaft erfolgen nur im Bundesanzeiger.

§ 4   Stammkapital

(1)   Das Stammkapital beträgt 1.000 Euro.

(2)   Auf das Stammkapital übernehmen

der Gesellschafter X
den Geschäftsanteil Nr. 1 im Nennbetrag von 1.000 Euro.

(3)   Die Einlagen auf die Geschäftsanteile sind in bar in voller Höhe sofort einzuzahlen.

§ 5 Geschäftsführung

(1) Die Gesellschaft hat einen oder mehrere Geschäftsführer.

(2) Die Geschäftsführer haben die Geschäfte der Gesellschaft mit der Sorgfalt eines ordentlichen Kaufmanns nach Maßgabe dieser Satzung, den Beschlüssen der Gesellschafterversammlung, einer etwaigen Geschäftsordnung für die Geschäftsführung sowie der gesetzlichen Bestimmungen zu führen.

(3) Die Gesellschafterversammlung kann die Grundsätze der Geschäftsführung durch Beschluss einer Geschäftsordnung der Geschäftsführung regeln.

(4) Die Gesellschafterversammlung kann jederzeit einen Katalog von Geschäftsführungsmaßnahmen beschließen, welche einer vorherigen Zustimmung der Gesellschafterversammlung bedürfen.

§ 6 Vertretung

(1) Die Gesellschaft wird vertreten

   a) wenn nur ein Geschäftsführer vorhanden ist, durch diesen stets einzeln;

   b) wenn mehrere Geschäftsführer vorhanden sind, durch zwei Geschäftsführer gemeinsam oder durch einen Geschäftsführer gemeinsam mit einem Prokuristen.

(2) Die Gesellschafterversammlung kann die Vertretung abweichend regeln, insbesondere Einzelvertretung anordnen oder aufheben und von den Beschränkungen des § 181 BGB befreien bzw. die erteilte Befreiung widerrufen.

(3) Vorstehende Absätze 1 und 2 gelten entsprechend auch für Liquidatoren.

§ 7   Geschäftsjahr/Jahresabschluss

(1)   Das Geschäftsjahr ist das Kalenderjahr.

(2)   Für die Aufstellung des Jahresabschlusses und - soweit gesetzlich vorge-
       schrieben - den Lagebericht gelten die gesetzlichen Vorschriften. Der Gesell-
       schafter entscheidet über die Ergebnisverwendung; er hat Anspruch auf den
       Jahresüberschuss nur, soweit ein entsprechender Beschluss über eine teilwei-
       se oder vollständige Ausschüttung ergangen ist.

§ 8   Wettbewerbsverbot

Soweit gesetzlich zulässig, ist der Gesellschafter von etwaigen Wettbewerbsver-
boten gegenüber der Gesellschaft befreit.

§ 9   Dauer der Gesellschaft

Die Dauer der Gesellschaft ist nicht beschränkt.

§ 10   Gründungsaufwand

Die Gesellschaft trägt die mit der Gründung verbundenen Kosten bis zu einem Gesamtbetrag von 300 €, höchstens jedoch bis zum Betrag ihres Stammkapitals. Darüber hinausgehende Kosten trägt der Gesellschafter.

12.2.1.5 Muster Gesellschaftsvertrag (Satzung) bei mehreren Gesellschaftern

Platzhalter Abbildung 12.2.1.5 Muster GV Mehrmann-GmbH.doc.

§ 1   Firma und Sitz

(1)   Die Firma der Gesellschaft lautet:

XYZ GmbH.

(2)   Der Sitz der Gesellschaft ist Musterstadt.

§ 2   Gegenstand des Unternehmens

(1)   Gegenstand des Unternehmens ist …

(2)   Die Gesellschaft ist berechtigt, sich an anderen Unternehmen zu beteiligen und alle Geschäfte und Maßnahmen vorzunehmen, welche den Gesellschaftszweck mittelbar oder unmittelbar zu fördern geeignet sind, sowie Zweigniederlassungen im Inland zu errichten.

§ 3   Bekanntmachungen

Die Bekanntmachungen der Gesellschaft erfolgen nur im Bundesanzeiger.

§ 4   Stammkapital

(1)   Das Stammkapital beträgt 25.000 EUR. Es ist eingeteilt in 25.000 Geschäftsanteile im Nennbetrag zu jeweils 1 EUR.

(2)   Auf das Stammkapital übernehmen

a)   X
die Geschäftsanteile Nr. 1 bis 10.000
im Nennbetrag von jeweils 1 EUR,

b)   Y
die Geschäftsanteile Nr. 10.001 bis 20.000
im Nennbetrag von jeweils 1 EUR,

c)   Z
die Geschäftsanteile Nr. 20.001 bis 25.000
im Nennbetrag von jeweils 1 EUR.

(3)   Die Einlagen auf die Geschäftsanteile sind in bar in voller Höhe sofort
      einzuzahlen. *(alternativ: Die Geschäftsanteile sind sofort zur Hälfte in bar*
      einzuzahlen, der Rest innerhalb von zwei Wochen nach Anforderung durch
      die Geschäftsführung, welcher ein Gesellschafterbeschluss vorauszugehen
      hat.)

§ 5   Verfügung über Geschäftsanteile

(1)   Jede rechtsgeschäftliche Verfügung über einen Geschäftsanteil oder einen
      Teil eines Geschäftsanteils an der Gesellschaft, insbesondere jede Veräu-
      ßerung, Abtretung, Verpfändung, Nießbrauchbestellung oder sonstige Be-
      lastung, die Eingehung oder Aufhebung von Treuhandverhältnissen über
      einen Geschäftsanteil oder der Wechsel eines Treuhänders, die Einräu-
      mung, Aufhebung oder Übertragung einer Unterbeteiligung oder ver-
      gleichbare Verfügungen bedürfen der vorherigen Zustimmung der Gesell-
      schaft durch Beschluss der Gesellschafterversammlung.

(2)   Jede Teilung oder Zusammenlegung von Geschäftsanteilen bedarf eines
      Beschlusses der Gesellschafterversammlung unter Zustimmung des be-
      troffenen Gesellschafters.

(3)   Jeder Gesellschafter ist verpflichtet, eine Veränderung in seiner Person
      (Name, Wohnort) und in seiner Beteiligung (Zusammenlegung/ Teilung
      von Geschäftsanteilen) sowie jede Einzel- oder Gesamtrechtsnachfolge in
      seinen Geschäftsanteil (z. B. Anteilsübertragung, Umwandlungsmaßnah-
      men) der Geschäftsführung schriftlich mitzuteilen und nachzuweisen.
      Die Nachweisführung hat unter Vorlage der die Veränderung belegenden
      Dokumente - in Urschrift oder beglaubigter Abschrift - zu erfolgen.
      Bei der Erbfolge ist vom Rechtsnachfolger ein Erbschein in Ausfertigung
      oder ein notarielles Testament mit Eröffnungsprotokoll in beglaubigter
      Abschrift vorzulegen. Gleichzeitig soll der die Mitteilung über die Verän-
      derung machende Gesellschafter den Geschäftsführer anweisen, die dann
      zu erstellende neue Gesellschafterliste auch den anderen Gesellschaftern in
      Kopie zu übermitteln. Wird diese Liste durch einen Notar erstellt, so ist
      dieser anzuweisen, die Liste seinerseits allen Gesellschaftern in Kopie zu
      übersenden.

§ 6   Tod eines Gesellschafters

(1)   Die Geschäftsanteile sind eingeschränkt vererblich. Im Fall des Todes eines Gesellschafters kann die Gesellschaft die Einziehung der Geschäftsanteile des Erblassers beschließen oder deren Zwangsabtretung an sich bzw. einen von ihr benannten Dritten verlangen.

(2)   Die Erben des verstorbenen Gesellschafters haben bei der Beschlussfassung kein Stimmrecht.

(3)   Bis zur Nachweisführung gemäß § 5 Abs. 3 ruhen die Stimmrechte aus den Geschäftsanteilen des Erblassers.

§ 7   Gemeinsame Vertreter

(1)   Steht ein Geschäftsanteil mehreren Mitberechtigten i.S.d. § 18 Abs. 1 GmbHG ungeteilt zu, so sind diese verpflichtet, gegenüber der Gesellschaft schriftlich einen gemeinsamen Vertreter zur Ausübung ihrer Rechte aus dem Geschäftsanteil zu bestellen.

(2)   Gemeinsamer Vertreter kann nur ein Mitberechtigter, ein anderer Gesellschafter oder ein zur Berufsverschwiegenheit verpflichteter Angehöriger der rechts- oder wirtschaftsberatenden Berufe sein.

(3)   Bis zur Bestellung eines gemeinsamen Vertreters ruhen die Stimmrechte aus den Geschäftsanteilen.

§ 8   Einziehung, Zwangsabtretung von Geschäftsanteilen

(1)   Die Einziehung von Geschäftsanteilen ist zulässig.

(2)   Mit Zustimmung des betroffenen Gesellschafters können die Gesellschafter die Einziehung jederzeit beschließen.

(3)   Ohne Zustimmung des betroffenen Gesellschafters kann die Einziehung beschlossen werden, wenn in der Person des Gesellschafters ein wichtiger Grund eintritt, der sein Verbleiben in der Gesellschaft unzumutbar macht.

Ein solcher liegt insbesondere vor, wenn diese Satzung es anordnet oder

a) ein Antrag auf Eröffnung eines Restrukturierungs- oder Insolvenzverfahrens über das Vermögen eines Gesellschafters gestellt ist, sofern dieser nicht innerhalb von zwei Monaten zurückgenommen wurde;

b) ein Geschäftsanteil von einem Gläubiger des Gesellschafters gepfändet bzw. bei sonstigen Zwangsvollstreckungsmaßnahmen in die Mitgliedschaftsrechte eines Gesellschafters, sofern diese nicht innerhalb von zwei Monaten wieder aufgehoben werden;

c) der Gesellschafter die Richtigkeit seines Vermögensverzeichnisses an Eides statt zu versichern hat oder ein Haftbefehl zur Abgabe einer eidesstattlichen Versicherung erlassen wurde;

d) der Gesellschafter ohne die erforderliche Zustimmung über einen Geschäftsanteil verfügt;

e) für den Gesellschafter ein Betreuer bestellt wird und die Betreuung nicht innerhalb von sechs Monaten wieder aufgehoben wird;

f) ein verheirateter Gesellschafter nicht auf Aufforderung durch die Geschäftsführung, welcher ein Gesellschafterbeschluss mit einer Mehrheit von 2/3 der abgegebenen Stimmen vorauszugehen hat, binnen 12 (zwölf) Wochen nachweist, dass seine Beteiligung an der Gesellschaft durch Ehevertrag im Wege der Gütertrennung oder der modifizierten Zugewinngemeinschaft bei der Berechnung vermögensrechtlicher Ansprüche aufgrund der Beendigung seiner Ehe zu Lebzeiten herausgenommen ist;

g) bei Beendigung oder Nichtverlängerung eines orts- und branchenüblich vergüteten Dienst- oder Arbeitsverhältnisses mit der Gesellschaft durch einen Gesellschafter ohne wichtigen Grund; gleiches gilt für den Fall der vorsätzlichen Nichterfüllung eines orts- und branchenüblich vergüteten Dienst- oder Arbeitsverhältnisses mit der Gesellschaft durch einen Gesellschafter trotz Aufforderung durch die Geschäftsführung, welcher ein Gesellschafterbeschluss mit einer Mehrheit von 2/3 der abgegebenen Stimmen vorauszugehen hat;

h) in der Person des Gesellschafters ein seine Ausschließung rechtfertigender Grund vorliegt;

i) der Gesellschafter seinen Austritt aus der Gesellschaft erklärt (Kündigung).

(4)   Die Einziehung bedarf eines Gesellschafterbeschlusses, dabei hat der
        betroffene Gesellschafter kein Stimmrecht, wenn die Einziehung ohne
        seine Zustimmung erfolgen soll.

(5)   Steht ein Geschäftsanteil mehreren Mitberechtigten ungeteilt zu, so ist
        die Einziehung auch dann zulässig, wenn ihre Voraussetzungen nur in
        der Person eines Mitberechtigten vorliegen.

(6)   Mit Einziehungsbeschluss scheidet der betroffene Gesellschafter aus
        der Gesellschaft aus.

(7)   Die Einziehung nach Abs. (3) ist nur zulässig binnen eines Jahres nach
        Kenntnis der Gesellschaft von dem zur Einziehung berechtigenden Er-
        eignisses. Im Falle des Todes tritt Kenntnis nicht vor Nachweisführung
        gemäß § 5 Abs. 3 ein.

(8)   Anstelle der Einziehung können die Gesellschafter auch beschließen,
        dass der betroffene Gesellschafter den Geschäftsanteil an die Gesell-
        schaft oder an in dem Beschluss bestimmte Gesellschafter oder Dritte ab-
        zutreten hat („Zwangsabtretung").

(9)   Im Falle der Einziehung oder Abtretung eines Geschäftsanteils nach den
        obigen Bestimmungen berechnet sich das Entgelt für den ausscheidenden
        Gesellschafter nach den im Gesellschaftsvertrag festgelegten Bewer-
        tungsgrundsätzen. Sollten Gesetz oder Rechtsprechung zwingend eine
        andere Bemessung des Entgelts vorschreiben, so ist diese maßgebend.

(10)   Erwirbt die Gesellschaft den Geschäftsanteil nicht selbst, so haftet sie
        neben dem Erwerber gesamtschuldnerisch für die Zahlung des Entgelts.
        Für die Zahlung des Einziehungsentgelts haften die übrigen Gesellschaf-
        ter wie selbstschuldnerische Bürgen.

§ 9   Abfindung ausscheidender Gesellschafter

(1)   In allen Fällen des Ausscheidens eines Gesellschafters hat die Gesellschaft
        eine Abfindung in Höhe des Buchwertes der Beteiligung des ausscheiden-
        den Gesellschafters zu zahlen. Maßgebend für diesen ist der handelsrecht-
        liche Bilanzkurs (eingezahlte Stammeinlage zzgl. offener Rücklagen, zzgl.
        Jahresüberschuss und Gewinnvortrag und abzgl. Jahresfehlbetrag und Ver-
        lustvortrag). Dieser ergibt sich aus der Handelsbilanz zum Ende des Ge-
        schäftsjahres, das dem Tag des Ausscheidens vorangeht oder mit diesem

zusammenfällt. Ein bis zum Bewertungsstichtag noch entstandener Gewinn oder Verlust ist nicht zu berücksichtigen. Stille Reserven jeder Art
und ein Firmenwert – gleichgültig ob originär oder erworben – bleiben außer Ansatz. Die Bewertungskontinuität zur letzten ordnungsgemäß festge-
stellten Jahresbilanz ist zu wahren. Ist der Verkehrswert der Gesellschaft
niedriger, so gilt dieser. An schwebenden Geschäften nimmt der ausgeschiedene Gesellschafter nicht teil, soweit sie nicht in der maßgeblichen
Handelsbilanz ausgewiesen sind.

(2)   Bei Meinungsverschiedenheiten über die Höhe der Abfindung und die
      Laufzeit ihrer Auszahlung entscheidet ein Wirtschaftsprüfer als neutraler
      Gutachter. Wird über die Person des als Schiedsgutachter - nicht als
      Schiedsrichter - tätig werdenden Wirtschaftsprüfers zwischen dem ausge-
      schiedenen Gesellschafter und der Gesellschaft keine Einigung erzielt, so
      wird der Wirtschaftsprüfer auf Antrag eines der Beteiligten durch den
      Institut der Wirtschaftsprüfer in Deutschland e.V. in Düsseldorf oder des-
      sen Nachfolgeorganisation benannt. Die Kosten des Schiedsgutachters tra-
      gen der ausgeschiedene Gesellschafter sowie die Gesellschaft in dem Ver-
      hältnis, in dem die jeweilige Partei mit ihrer Auffassung unterliegt.

(3)   Sofern das Ausscheiden eines Gesellschafters aufgrund einer schuldrecht-
      lichen Vereinbarung zwischen den Gesellschaftern erfolgt, auf deren
      Grundlage ein Gesellschafter der Einziehung seiner Anteile zustimmt oder
      zuzustimmen hat, sind die in dieser schuldrechtlichen Absprache verein-
      barten Abfindungsregelungen maßgeblich, sofern ausdrücklich von diesen
      Satzungsbestimmungen abgewichen werden soll.

(4)   Die Abfindung ist in drei gleichen Raten auszuzahlen. Die erste Rate wird
      sechs Monate nach dem Ausscheiden, jede weitere jeweils 12 Monate spä-
      ter fällig. Vorzeitige Zahlungen sind in beliebiger Höhe zulässig. Sie wer-
      den auf die zuletzt zu zahlenden Raten verrechnet. Der jeweils noch offen-
      stehende Restbetrag ist mit 2 Prozentpunkten über Basiszinssatz jährlich
      zu verzinsen. Die aufgelaufenen Zinsen sind jeweils mit der nächsten Rate
      fällig.

(5)   Abweichend von Abs. 1 bis 4 beträgt die Abfindung beim Ausscheiden
      eines Gesellschafters gemäß § 8 Abs. 3 i) nach Vollendung seines 63. Le-
      bensjahres 75/100 des wie folgt zu berechnenden anteiligen Unterneh-
      menswertes, mindestens jedoch 100% des Buchwertes:

      Es ist auf den Zeitpunkt des Ausscheidens eine Bewertung des Unterneh-
      mens vorzunehmen und der objektivierte Unternehmenswert zu ermitteln,
      in dem sich der Wert des im Rahmen des vorhandenen Unternehmenskon-

zepts fortgeführten Unternehmens ausdrückt. Die Bewertung ist von einem Wirtschaftsprüfer als neutralem Gutachter nach den jeweils aktuellen Richtlinien, die das Institut für Wirtschaftsprüfer herausgibt, und dem dort festgelegten Verfahren zur Durchführung von Unternehmensbewertungen vorzunehmen. Wird über die Person des als Schiedsgutachter - nicht als Schiedsrichter - tätig werdenden Wirtschaftsprüfers zwischen dem ausgeschiedenen Gesellschafter und der Gesellschaft keine Einigung erzielt, so wird der Wirtschaftsprüfer auf Antrag eines der Beteiligten durch die örtlich zuständige IHK benannt.

Die Kosten des Bewertungsgutachtens tragen der ausgeschiedene Gesellschafter sowie die Gesellschaft zu Lasten der verbliebenen Gesellschafter in dem Verhältnis, in dem der ausgeschiedene Gesellschafter und die verbliebenen Gesellschafter vor dem Ausscheiden des Gesellschafters am Gesellschaftskapital beteiligt waren. Der anteilige Unternehmenswert ergibt sich aus dem Verhältnis des Nennbetrags der Geschäftsanteile des ausgeschiedenen Gesellschafters zum Stammkapital.

(6)   Sicherheitsleistung kann der ausgeschiedene Gesellschafter nicht verlangen.

(7)   Führt eine rechtskräftige Berichtigungsveranlagung durch die Finanzverwaltung, z. B. aufgrund einer steuerlichen Betriebsprüfung, zu einer Änderung der Werte, die die Grundlage für die Ermittlung der Abfindung gebildet haben, so findet eine Anpassung des Abfindungsanspruches nicht statt.

§ 10 Geschäftsführung

(1)   Die Gesellschaft hat einen oder mehrere Geschäftsführer.

(2)   Die Geschäftsführer haben die Geschäfte der Gesellschaft mit der Sorgfalt eines ordentlichen Kaufmanns nach Maßgabe dieser Satzung, den Beschlüssen der Gesellschafterversammlung, einer etwaigen Geschäftsordnung für die Geschäftsführung sowie der gesetzlichen Bestimmungen zu führen.

(3)   Die Gesellschafterversammlung kann die Grundsätze der Geschäftsführung durch Beschluss einer Geschäftsordnung der Geschäftsführung regeln.

(4)   Die Gesellschafterversammlung kann jederzeit einen Katalog von Ge-
      schäftsführungsmaßnahmen beschließen, welche einer vorherigen Zu-
      stimmung der Gesellschafterversammlung bedürfen.

§ 11 Vertretung

(1)   Die Gesellschaft wird vertreten

      a)   wenn nur ein Geschäftsführer vorhanden ist, durch diesen;
      b)   wenn mehrere Geschäftsführer vorhanden sind, durch zwei Ge-
           schäftsführer gemeinsam oder durch einen Geschäftsführer gemein-
           sam mit einem Prokuristen.

(2)   Die Gesellschafterversammlung kann die Vertretung abweichend regeln,
      insbesondere Einzelvertretung anordnen und von den Beschränkungen des
      § 181 BGB befreien.

(3)   Vorstehende Absätze 1 und 2 gelten entsprechend auch für Liquidatoren.

§ 12 Gesellschafterbeschlüsse

(1)   Die Beschlüsse der Gesellschafter werden in Versammlungen gefasst.
      Außerhalb von Versammlungen können sie, soweit nicht zwingendes
      Recht eine andere Form vorschreibt, durch schriftliche, fernschriftliche, te-
      legrafische oder mündliche, auch fernmündliche Abstimmung, per E-Mail
      oder im Rahmen einer Video- oder Telefonkonferenz gefasst werden,
      wenn sich jeder Gesellschafter an der Abstimmung beteiligt. Ausdrücklich
      zulässig ist auch eine Kombination aus beiden Beschlussverfahren und je-
      de andere Art der Beschlussfassung, wenn kein Gesellschafter dem wider-
      spricht und alle Gesellschafter an der Abstimmung teilnehmen.

(2)   Gesellschafterbeschlüsse bedürfen stets der einfachen Mehrheit der abge-
      gebenen Stimmen. Jeder nominale Anteil von Euro 1,00 (in Worten: ein
      EURO) eines Geschäftsanteils gewährt 1 Stimme.

(3)   Für den Fall, dass über das Vermögen eines Gesellschafters das Insolvenz-
      verfahren eröffnet wird, ein Antrag auf Eröffnung eines Insolvenzverfah-
      rens mangels Masse abgelehnt wird oder ein vorläufiger Insolvenzverwal-
      ter nach Maßgabe des § 22 Abs. 1 InsO bestellt wird, ruht dessen Stimm-
      recht in der Gesellschafterversammlung.

§ 13 Gesellschafterversammlungen

(1) Gesellschafterversammlungen werden durch die Geschäftsführer einberufen. Jeder Geschäftsführer ist allein einberufungsberechtigt. Die Einberufung erfolgt per E-Mail an jeden Gesellschafter unter Angabe von Ort, Tag, Zeit und Tagesordnung mit einer Frist von mindestens zwei Wochen. Der Lauf der Frist beginnt mit dem der Absendung folgenden Tag. Der Tag der Versammlung wird bei der Berechnung der Frist nicht mitgezählt.

(2) Gesellschafterversammlungen sollen am Sitz der Gesellschaft abgehalten werden. Mit Zustimmung aller Gesellschafter können Gesellschafterversammlungen jedoch auch an jedem anderen Ort abgehalten werden.

(3) In der Gesellschafterversammlung kann ein Gesellschafter nur durch einen anderen Gesellschafter oder durch einen Dritten aus einem rechts- oder wirtschaftsberatenden Beruf oder, soweit er keine natürliche Person ist, durch einen Angestellten des Gesellschafters oder seines ständigen Beraters vertreten werden. Die Vollmacht bedarf der Textform.

(4) Über Verhandlungen der Gesellschafterversammlungen und über Gesellschafterbeschlüsse ist, soweit nicht eine notarielle Niederschrift aufgenommen wird, unverzüglich eine Niederschrift anzufertigen, in welcher der Tag der Verhandlung oder Beschlussfassung sowie die gefassten Beschlüsse anzugeben sind. Jeder Gesellschafter kann eine Abschrift der Niederschrift verlangen.

(5) Anfechtungsklagen gegen Gesellschafterbeschlüsse müssen binnen 3 Monaten nach Zugang der Abschrift der Niederschrift bei dem Anfechtenden erhoben werden.

§ 14 Geschäftsjahr, Jahresabschluss, Gewinnverwendung

(1) Das Geschäftsjahr ist das Kalenderjahr.
Die Dauer der Gesellschaft ist nicht beschränkt.

(2) Die Geschäftsführung hat innerhalb der gesetzlich vorgeschriebenen Fristen für das vergangene Geschäftsjahr den Jahresabschluss aufzustellen und - sofern gesetzlich vorgeschrieben - einen schriftlichen Lagebericht zu erstatten.

(3) Ein Anspruch der Gesellschafter auf Ausschüttung des Jahresüberschusses zuzüglich eines Gewinnvortrags und abzüglich eines Verlustvortrags bzw.

des Bilanzgewinns gemäß § 29 Abs. 1 GmbHG ist bis zur Fassung eines entsprechenden Gewinnverwendungsbeschlusses ausgeschlossen. Im Beschluss über die Verwendung des Ergebnisses kann die Gesellschafterversammlung Beträge in Gewinnrücklagen einstellen oder als Gewinn vortragen.

(4) Die Gesellschafter können auch beschließen, einmal oder mehrmals während oder nach Ende des Geschäftsjahres einen Abschlag auf den voraussichtlichen ausschüttungsfähigen Gewinn zu zahlen. Ein Abschlag darf nur gezahlt werden, wenn ein vorläufiger Abschluss oder ein Zwischenabschluss einen Jahresüberschuss oder einen bis zum Stichtag des Zwischenabschlusses erzielten Periodenüberschuss ergibt. Übersteigt der Abschlag den ausschüttungsfähigen Gewinn, haben die Gesellschafter den Differenzbetrag zurückzuzahlen.

(5) Soweit eine Ausschüttung des Jahresüberschusses erfolgt, steht die Ausschüttung den Gesellschaftern im Verhältnis ihrer jeweiligen Beteiligung am Stammkapital der Gesellschaft zu. Disquotale Ausschüttungen sind durch einstimmigen Gesellschafterbeschluss möglich.

(6) Die Gesellschafter können auch außerhalb der Gewinnverteilung die Auflösung und Ausschüttung von Beträgen aus Kapitalrücklagen und Gewinnrücklagen beschließen. Die Auflösung zum Zweck der Ausschüttung ist ausgeschlossen, soweit dadurch das zur Erhaltung des Stammkapitals erforderliche Vermögen der Gesellschaft angegriffen werden würde.

§ 15 Kündigung

(1) Jeder Gesellschafter kann die Gesellschaft mit einer Frist von 12 Monaten zum Ende eines Geschäftsjahres durch eingeschriebenen Brief ohne Angabe von Gründen kündigen. Der Brief ist an die Geschäftsführung und an sämtliche übrigen Gesellschafter zu richten. Für die Einhaltung der Frist ist das Datum des Poststempels maßgebend.

(2) Hat ein Gesellschafter das Gesellschaftsverhältnis gekündigt, so ist jeder Gesellschafter berechtigt, sich der Kündigung zu demselben Zeitpunkt anzuschließen; die Anschlusskündigung muss 6 Monate vor dem Zeitpunkt, zu dem gekündigt werden kann, erfolgt sein.

(3) Das an den ausscheidenden Gesellschafter zu zahlende Entgelt bestimmt sich nach den in diesem Gesellschaftsvertrag festgelegten Bewertungsgrundsätzen.

(4)   Sollten Gesetz oder Rechtsprechung zwingend eine andere Bewertung des
      Entgelts vorschreiben, ist diese maßgebend.

§ 16   Wettbewerbsverbot

(1)   Den Gesellschaftern ist es untersagt,

   a)   sich im tatsächlich ausgeübten Unternehmensgegenstand der Gesell-
        schaft gewerblich zu betätigen,

   b)   sich an, im Wettbewerb zum tatsächlich ausgeübten Unternehmens-
        gegenstand der Gesellschaft stehenden Unternehmen unmittelbar
        oder mittelbar mehr als nur kapitalistisch zu beteiligen,

   c)   gleichartige, im Wettbewerb zum tatsächlich ausgeübten Unterneh-
        mensgegenstand der Gesellschaft stehende Unternehmen mittelbar
        oder unmittelbar in irgendeiner Weise zu fördern oder sonst für ein
        gleichartiges, im Wettbewerb zur Gesellschaft stehendes Unterneh-
        men nachhaltig tätig zu werden.

Eine nur kapitalistische und damit unschädliche Beteiligung liegt nur vor,
wenn die Minderheitsbeteiligung des Gesellschafters keine weiteren Rech-
te wie etwa eine Sperrminorität vermittelt, keine Geschäftsführungs- und
Vertretungsbefugnisse gewährt, keine Tätigkeitspflichten für die andere
Gesellschaft begründet und nicht mit einer unbeschränkten persönlichen
Haftung für die andere Gesellschaft verbunden ist.

(2)   Im Falle der Zuwiderhandlung gegen das Wettbewerbsverbot hat der Zu-
      widerhandelnde für jeden Fall der Zuwiderhandlung eine Vertragsstrafe
      von 25.000,00 € an die Gesellschaft zu zahlen. Je zwei Wochen einer fort-
      gesetzten Zuwiderhandlung gelten als unabhängige und selbständige Zu-
      widerhandlung. Das Recht, Schadensersatz oder Unterlassung zu verlan-
      gen, wird durch die Zahlung der Vertragsstrafe nicht berührt. Die Ver-
      tragsstrafe wird auf den Schadensersatz angerechnet.

(3)   Die Gesellschafterversammlung kann durch Gesellschafterbeschluss ganz
      oder teilweise oder befristet Befreiung vom Wettbewerbsverbot erteilen.
      In diesem Gesellschafterbeschluss ist auch zu regeln, ob die Befreiung
      gegen oder ohne Entgelt erfolgt.

§ 17 Schriftform, Salvatorische Klausel

(1) Alle das Gesellschaftsverhältnis betreffenden Vereinbarungen der Gesellschafter untereinander und mit der Gesellschaft bedürfen außerhalb von
Gesellschafterbeschlüssen der Schriftform, soweit nicht im Gesetz eine notarielle Beurkundung vorgeschrieben ist.

(2) Ist oder wird ein Teil dieser Satzung unwirksam, so bleibt die Wirksamkeit
des übrigen Teils unberührt. An die Stelle des unwirksamen Teils tritt diejenige Vereinbarung, die die Parteien getroffen hätten, wenn sie die Un-
wirksamkeit gekannt hätten. Lässt sich eine solche Regelung nicht ermitteln, haben die Parteien nach Maßgabe der gesetzlichen Formvorschriften
eine wirksame Regelung zu treffen, die ihren beiderseitigen wirtschaftlichen Interessen im Zeitpunkt dieses Vertragsschlusses am ehesten entspricht.

§ 18   Gründungskosten

Die mit der Gründung der Gesellschaft verbundenen Notar-, Gerichts-, Behördenkosten und Steuern trägt die Gesellschaft bis zu einem Betrag von 2.500 Euro. Die Gesellschaft trägt auch die mit künftigen Kapitalmaßnahmen (z.B. Kapitalerhöhungen) nebst Übernahmeerklärungen verbundenen Notar-, Gerichts-,
Behördenkosten und Steuern.

12.2.1.6 Muster Geschäftsführervertrag

Zwischen
der XYZ GmbH/XYZ UG (haftungsbeschränkt)
....
vertreten durch die Gesellschafterversammlung,
– nachstehend auch „Gesellschaft" genannt –

und

XXX
– nachstehend auch „Geschäftsführer" genannt –

wird folgendes vereinbart

§ 1 Vertragsgegenstand

1. Der Geschäftsführer führt die Geschäfte der Gesellschaft nach Maßgabe der Gesetze, der Satzung der Gesellschaft sowie den Weisungen der Gesellschafterversammlung mit der Sorgfalt eines ordentlichen Kaufmanns. Er ist verantwortlich für sämtliche mit dem Geschäftszweck der Gesellschaft im Einklang stehenden Tätigkeiten in kaufmännischer, technischer, organisatorischer und personeller Hinsicht.

2. Der Geschäftsführer kann sich seine Arbeitszeit frei einteilen, hat sich jedoch anden Anforderungen der Gesellschaft auszurichten.

3. Folgende Geschäftsführungsmaßnahmen bedürfen einer vorherigen Zustimmung der Gesellschafterversammlung:

   a. Gründung und Beendigung von Gesellschaften oder Unternehmen, Erwerbund Veräußerung von Beteiligungen an anderen Unternehmen, Abschluss, Änderungen und Beendigung von Gesellschaftsverträgen,

   b. Abschluss und Beendigung von Unternehmensverträgen,

   c. Erwerb, Veräußerung oder Belastung von Grundstücken und grundstücksgleichen Rechten,

   d. Abschluss von Darlehens-, Leasing-, Miet- oder Pachtverträgen,

   e. Termingeschäfte über Devisen, Wertpapiere oder an Börsen gehandelteWerte,

   f. Sicherheitsleistungen, Abgabe von Bürgschaften und Garantien sowie Eingehung von Wechselverpflichtungen

   g. ....

4. Dienstort des Geschäftsführers ist..........................

5. Der Geschäftsführer wird seine volle Arbeitskraft und sein volles Wissen und Können in den Dienst der Gesellschaft stellen. Die Ausübung einer anderweitigen, auf Erwerb gerichteten oder nach Art und Umfang üblicherweise entgeltlichen Tätigkeit sowie die mittelbare oder unmittelbare Beteiligung an einem Unternehmen gleichen oder ähnlichen Geschäftszwecks oder die Mitwirkung in den Aufsichtsorganen eines solchen Unternehmens oder die Beteiligung als persönlich haftender Gesellschafter an einer anderen Handelsgesellschaft ohne Rücksicht auf deren Geschäftszweck, ist dem Geschäftsführer nur mit ausdrücklicher schriftlicher, für jeden Fall vorher einzuholender Zustimmung der Gesellschafterversammlung gestattet. Diese Bestimmung findet auch auf Tätigkeiten sowie auf die Übernahme von Ämtern in Verbänden und Berufsvereinigungen Anwendung.

6. Wissenschaftliche und literarische Tätigkeit ist zulässig, sofern sie weder die Arbeitskraft des Geschäftsführers beeinträchtigt noch vertrauliche Informationen der Allgemeinheit zugänglich macht. Für Veröffentlichungen und Vorträge, die die Interessen der Gesellschaft oder eines mit ihr verbundenen Unternehmens berühren, ist die vorherige Zustimmung der Gesellschafterversammlung einzuholen.

§ 2 Bezüge und Spesen

1. Der Geschäftsführer erhält für seine Tätigkeit ein festes Jahresgehalt in Höhe von 00.000,00 € brutto, welches in 12 monatlichen Teilbeträgen a 0.000,00 € brutto jeweils am Monatsende ausgezahlt wird.

2. Zusätzlich zum Gehalt nach Abs. 1. erhält der Geschäftsführer:

   a. einen angemessenen Gehaltszuschuss zur privaten Altersvorsorge in Form der Unterstützungskasse als Barlohnumwandlung nach Wahl des Geschäftsführers in Höhe von insgesamt bis zu 000,00 € pro Monat, wobei die Rechte hieraus auch nach Beendigung dieses Vertrages allein dem Geschäftsführer zustehen,

   b. einen angemessenen Gehaltszuschuss zur Kranken- und Pflegeversicherung, jedoch höchstens 000,00 € pro Monat,

   c. eine Direktversicherung beziehungsweise einen angemessenen Gehaltszuschuss mit einem Betrag bis zu 0.000,00 € jährlich, wobei die Rechte hieraus auch nach Beendigung dieses Vertrages allein dem Geschäftsführerzustehen,

   d. eine Pensionskasse beziehungsweise einen angemessenen Gehaltszuschussmit einem Beitrag von bis zu 0.000,00 € jährlich, wobei die Rechte hieraus auch nach Beendigung dieses Vertrages allein dem Geschäftsführerzustehen.

3. Zusätzlich zum Gehalt nach Ziff. 1. erhält der Geschäftsführer eine erfolgsabhängige Tantieme, die die Gesellschafter unter Berücksichtigung des wirtschaftlichen Ergebnisses des Geschäftsjahres und der Ertragslage der Gesellschaft nach Feststellung des Jahresabschlusses festsetzen. Die Bemessungsgrundlage für diese Tantieme berechnet sich wie folgt: Zugrundezulegen ist der Jahres- überschuss nach der Handelsbilanz vor Ertragssteuern. Der Jahresüberschuss ist zu mindern um außerordentliche Erträge. Außerordentliche Erträge im Sinne dieser Vereinbarung sind die Erträge gemäß § 277 Abs. 4 HGB; als außerordentliche Erträge gelten jedenfalls die Erträge, die unregelmäßig oder selten (nicht periodisch) auftreten. Dazu gehören Gewinne aus dem Verkauf von Grundstücken, Beteiligungen, Teilbetrieben sowie dem Abgang von Gegenständen des Anlagevermögens, aus außergewöhnlichen Schadensfällen, aus Gesellschafterzuschüssen oder Einlagen sowie aus Sanierungsleistungen. Der Tantiemesatz beträgt 00,00 % der vorstehend definierten Bemessungsgrundlage – maximal jedoch 25 % des Festgehaltes nach Ziff.1. Die Tantieme ist einen Monat nach Feststellung des Jahresabschlusses durch die Gesellschafter fällig. Soweit sich die Tätigkeit des Geschäftsführers nicht auf das gesamte Geschäftsjahr erstreckt, erhält er eine entsprechend pro rata temporis ermäßigte Tantieme.

4. Sonstige Zahlungen, Gratifikationen, Prämien und ähnliche Leistungen liegen im Ermessen der Gesellschaft und begründen keinen Rechtsanspruch, auch wenn eine Zahlung wiederholt ohne ausdrücklichen Vorbehalt der Freiwilligkeit erfolgt.

5. Mit der Zahlung der Vergütung gemäß vorstehenden Bestimmungen ist jede Tätigkeit des Geschäftsführers nach diesem Dienstvertrag, auch solche außerhalb der üblichen Dienst- oder Bürostunden, insbesondere auch Überstunden und Mehrarbeit, abgegolten.

6. Reise- und Bewirtungskosten, sowie alle anderen im Interesse der Gesellschaft gemachten notwendigen Aufwendungen und Auslagen werden dem Geschäftsführer gegen Vorlage der Belege von der Gesellschaft erstattet. Die Abrechnung erfolgt aufgrund solcher Belege, die von den Steuerbehörden als ordnungsgemäß für die Abzugsfähigkeit von Auslagen anerkannt werden.

§ 3 Nebenleistungen

1. Die Gesellschaft stellt dem Geschäftsführer für die Dauer dieses Vertrages einen Pkw der gehobenen Mittelklasse zur Verfügung, welcher aller 3 Jahre durch ein Neufahrzeug ausgetauscht wird. Die Gesellschaft trägt alle Kosten für die Unterhaltung, den Betrieb sowie für die Pflege. Die Gesellschaft überlässt dieses Fahrzeug dem Geschäftsführer zur dienstlichen und privaten Nutzung im In- und Ausland. Die Privatnutzung ist vom Geschäftsführer im Rahmen des monatlichen Lohnsteuerabzuges als steuerlicher Sachbezugswert zu versteuern.

2. Die Gesellschaft wird zugunsten von Herrn XXX eine angemessene Unfallversicherung abschließen und den Versicherungsschutz für die Dauer dieses Vertrages aufrecht erhalten.

3. Die Gesellschaft wird zu Gunsten des Geschäftsführers eine D&O-Versicherung abschließen oder den Geschäftsführer in eine bestehende Gruppen-D&O-Versicherung einbeziehen und den Versicherungsschutz für die Dauer dieses Vertrages aufrecht erhalten.

4. Der Geschäftsführer wird im Rahmen seiner Verantwortung für die Geschäftsaktivitäten ein Mobiltelefon und ein Notebook nutzen. Die Gesellschaft wird diese Arbeitsmittel bereitstellen und die laufenden Kosten voll übernehmen.

§ 4 Urlaub

1. Herr XXX hat Anspruch auf einen jährlichen Erholungsurlaub von 30 Arbeitstagen. Die zeitliche Lage des Urlaubs ist unter Berücksichtigung der geschäftlichen Belange der Gesellschaft nach Abstimmung mit der übrigen Geschäftsleitung festzulegen und ggf. auch in Teilen zu nehmen.

2. Eine Übertragung der Urlaubsansprüche kann bis zum 30. Juni des Folgejahres erfolgen. Bis zu diesem Datum nicht genommener Urlaub wird ausbezahlt/verfällt.

§ 5 Zahlung bei Krankheit oder unverschuldeter Dienstverhinderung

Bei einer Arbeitsunfähigkeit, die durch Krankheit, Unfall oder aus einem anderenvon dem Geschäftsführer nicht zu vertretendem Grund eintritt, wird das bisherigeFixgehalt gemäß § 2 Ziff. 1 für die Dauer von drei Monaten, längstens bis zurBeendigung des Dienstvertrages, in unveränderter Höhe fortgezahlt. Bei Tod desGeschäftsführers während der Laufzeit dieses Dienstvertrages wird das bisherigeFixgehalt gemäß Ziff. 3.2 für die Dauer von drei Monaten nach dem Tod in unveränderter Höhe an die Witwe und die unterhaltspflichtigen Kinder von Herrn XXXals Gesamtgläubiger fortgezahlt.

§ 6 Vertragsdauer

1. Dieser Vertrag tritt am 00.00.0000 in Kraft und wird auf unbestimmte Zeit geschlossen. Er endet automatisch ohne dass es einer Kündigung bedarf
   a. am letzten Tag des Monats, in welchem der Geschäftsführer die gesetzliche Regelaltersgrenze für den ungekürzten Rentenbezug erreicht oder verstirbt,

b. am Tag vor Beginn des Monats, für welchen er erstmals Altersruhegeld odereine unbefristete Rente wegen voller Erwerbsminderung bezieht,

c. mit Ablauf des nächsten Kalendervierteljahres, nachdem eine dauerndeArbeitsunfähigkeit festgestellt worden ist (Arbeitsunfähigkeit in diesem Sinneliegt vor, wenn Herr XXX wegen Krankheit, Unfall oder aus einem anderenvon ihm nicht zu vertretenden Grund dauerhaft nicht mehr in der Lage ist, dieihm übertragenen Aufgaben wahrzunehmen), ansonsten durch ordentliche Kündigung mit einer Frist von 6 Monaten zum Ende jedes Kalenderhalbjahres. Das Recht zur fristlosen Kündigung aus wichtigem Grund gem. § 626 BGB bleibt unberührt.

2. Eine Abberufung des Geschäftsführers gilt zugleich als Kündigung durch die Gesellschaft zum nächsten zulässigen Termin.

3. Die Gesellschaft ist berechtigt, den Geschäftsführer unter Fortzahlung der vertragsgemäßen Bezüge und unter Anrechnung auf etwaigen noch offen stehendenUrlaub bis zum Ablauf der Kündigungsfrist von der Verpflichtung zur Dienstleistung freizustellen.

4. Jede Kündigung bedarf der Schriftform.

§ 7 Wettbewerbsverbot

1. Herr XXX wird sich während der Dauer dieses Vertrages nicht an einem Unternehmen beteiligen, das mit der Gesellschaft im Wettbewerb steht oder in wesentlichem Umfang Geschäftsbeziehungen zu der Gesellschaft unterhält.

2. Herr XXX verpflichtet sich, während der Dauer dieses Vertrages und für die Dauer von einem Jahr nach Beendigung dieses Vertrages nicht für ein Unternehmen tätig zu werden, das mit der Gesellschaft in Wettbewerb steht („Wettbewerbsunternehmen"). Dieses nachvertragliche Wettbewerbsverbot gilt räumlich für das Gebiet der Bundesrepublik Deutschland und alle Länder der europäischen Union, in denen die Gesellschaft nicht nur unwesentlich geschäftlich aktiv ist.

3. Für die Dauer des nachvertraglichen Wettbewerbsverbotes erhält Herr XXX eine Entschädigung, die für das Jahr des Verbots i. H. v. 50 % der zuletzt bezogenen monatlichen Festbezüge gemäß § 2 Ziff. 1 zuzüglich 50 % der anteilig auf einen Monat entfallenden variablen Vergütung gemäß § 2 Ziff. 3 für das Jahr der Vertragsbeendigung entspricht. Die Entschädigung ist jeweils zum Ende eines Kalendermonats zu zahlen. Die Entschädigung und laufende Leistungen aus etwaigen Versorgungszusagen werden aufeinander angerechnet. Auf die Entschädigung muss sich der Geschäftsführer ferner Arbeitslosengeld zur Hälfte anrechnen lassen. Herr XXX muss sich auf die Entschädigung außerdem auch das anrechnen lassen, was er während des Zeitraums, für den die Entschädigung gezahlt wird, durch anderweitige Verwendung seiner Arbeitskraft erwirbt oder seiner Qualifikation entsprechend und zumutbar zu erwerben böswillig unterlässt, soweit die Karenzentschädigung und diese anderweitigen Einkünfte zusammen 100 % der zuletzt bezogenen Bezüge für

das Jahr der Vertragsbeendigung übersteigen. Herr XXX hat über anderweitige Einkünfte zum Ende eines jeden Quartals unaufgefordert Auskunft zu geben und die darin mitgeteilten Tatsachen auf Anforderung der Gesellschaft in geeigneter Form, z. B. durch eine Bescheinigung seines Steuerberaters, zu belegen. Herr XXX ist ferner verpflichtet, eine Lohnsteuerkarte vorzulegen zum Zwecke der Versteuerung der Karenzentschädigung. Kommt Herr XXX den vorstehenden Verpflichtungen nicht nach, hat die Gesellschaft hinsichtlich der Entschädigung ein Zurückbehaltungsrecht.

4. Die Gesellschaft kann vor oder nach Beendigung dieses Vertrages auf die Einhaltung des nachvertraglichen Wettbewerbsverbots mit einer Frist von drei Monaten zum Ende eines Kalendermonats verzichten. Nach Ablauf der Drei-Monats-Frist ist keine Karenzentschädigung mehr zu leisten.

5. Das nachvertragliche Wettbewerbsverbot ist nicht anwendbar für den Fall, dass dieser Vertrag gemäß § 6 Ziff. 1 a-c beendet wird.

§ 8 Geheimhaltung

1. Der Geschäftsführer ist verpflichtet, während der Dauer seines Dienstvertrages und nach dessen Beendigung über alle ihm anvertrauten, zugänglich gemachten oder sonst bekannt gewordenen Betriebs- und Geschäftsgeheimnisse der Gesellschaft oder der mit der Gesellschaft verbundenen Unternehmen strenges Stillschweigen gegenüber Dritten zu bewahren und solche Betriebs- und Geschäftsgeheimnisse auch nicht selbst zu verwerten. Der Begriff „Betriebsund Geschäftsgeheimnisse" umfasst alle geschäftlichen, betrieblichen, organisatorischen und technischen Kenntnisse, Vorgänge und Informationen, die nur einem beschränkten Personenkreis zugänglich sind und nach dem Willen der Gesellschaft nicht der Allgemeinheit bekannt werden sollen.

2. Geschäftliche Unterlagen aller Art, einschließlich der auf dienstliche Angelegenheiten und Tätigkeiten sich beziehenden persönlichen Aufzeichnungen, dürfen nur zu geschäftlichen Zwecken verwendet werden. Geschäftliche und betriebliche Unterlagen, die der Geschäftsführer im Rahmen seines Dienstverhältnisses in Besitz hat, sind sorgfältig aufzubewahren und jederzeit auf Verlangen, spätestens bei Beendigung des Dienstvertrages, der Gesellschaft auszuhändigen. Das gleiche gilt für alle anderen im Eigentum oder mittelbaren Besitz der Gesellschaft befindlichen Gegenstände. Die Geltendmachung jeglichen Zurückbehaltungsrechts ist ausgeschlossen.

§ 9 Urheberrechtsklausel

1. Der Geschäftsführer ist verpflichtet, der Gesellschaft alles Knowhow und alle schutzrechtsfähigen Erkenntnisse und Werke (insbesondere Erfindungen, Patente, Urheberrechte und sonstige gewerbliche Schutzrechte), welche nicht eindeutig außerhalb des gegenwärtigen oder absehbar zukünftigen Geschäftsbereichs der

Gesellschaft liegen und die er während der Dauer dieses Vertrages innerhalb oder außerhalb seiner Arbeitszeit gewinnt, unverzüglich zu dokumentieren und der Gesellschaft anzuzeigen. Soweit die schutzrechtsfähigen Erkenntnisse und Werke zum Zeitpunkt der Gewinnung und zum Zeitpunkt der Anzeige nicht eindeutig außerhalb des gegenwärtigen oder absehbar zukünftigen Geschäftsbereichs der Gesellschaft liegen, tritt der Geschäftsführer hiermit sämtliche Rechte hieran im rechtlich weitestmöglichen Umfang an die Gesellschaft ab. Soweit eine Übertragung rechtlich nicht möglich sein sollte, räumt der Geschäftsführer der Gesellschaft hiermit unentgeltlich im rechtlich weitestmöglichen Umfang das zeitlich, räumlich und inhaltlich uneingeschränkte, ausschließliche und übertragbare Nutzungsrecht mit dem Recht zur Bearbeitung und Lizenzvergabe an Dritte für alle derzeit bekannten Nutzungsarten ein. Die Rechtsübertragung nach diesem Absatz ist mit der Vergütung gemäß Ziff. 3 dieses Vertrages abgegolten. Rechte an schutzrechtsfähigen Erkenntnissen und Werken, welche zum Zeitpunkt der Gewinnung und zum Zeitpunkt der Anzeige eindeutig außerhalb des gegenwärtigen oder absehbar zukünftigen Geschäftsbereichs der Gesellschaft liegen, hat der Geschäftsführer der Gesellschaft zu angemessenen Bedingungen zum Erwerb anzubieten; die Bestimmungen des Arbeitnehmererfindungsgesetzes in ihrer jeweiligen Fassung sind hierauf entsprechend anzuwenden.

2. Der Geschäftsführer ist verpflichtet, eine nachvollziehbare Dokumentation seiner schutzrechtsfähigen Erkenntnisse und Werke sicherzustellen und diese der Gesellschaft zu jeder Zeit zugänglich zu machen und ihr das Eigentum daranzu übertragen. Sollten zur Übertragung der Rechte bzw. zur Einräumung derNutzungsrechte weitere Übertragungsakte, Handlungen oder Erklärungen notwendig sein, so verpflichtet sich der Geschäftsführer, diese unverzüglich vorzunehmen. Die Kosten hierfür trägt die Gesellschaft.

§ 10 Herausgabepflichten

1. Bei Beendigung dieses Vertrages oder bei der Freistellung hat der Geschäftsführer sämtliche die Angelegenheiten der Gesellschaft und der mit ihr verbundenen Unternehmen betreffenden Gegenstände und Unterlagen, insbesondere Schlüssel, Aufzeichnungen jeglicher Art (auch in elektronischer bzw. digitalisierter Form), Abschriften oder Kopien, welche sich in seinem Besitz befinden, sofort vollständig an die Gesellschaft herauszugeben und eine schriftliche Erklärung darüber abzugeben, dass die Rückgabe vollständig erfolgt ist. Im Falle der Freistellung des Geschäftsführers ist die Gesellschaft berechtigt, den dem Geschäftsführer zur Nutzung überlassen Firmenwagen unter Widerrufung des Rechts zur privaten Nutzung auch vor der rechtlichen Beendigung des Vertrages herauszuverlangen.

2. Die Geltendmachung von Zurückbehaltungsrechten an diesen Gegenständenund Unterlagen, gleich aus welchem Rechtsgrund, ist ausgeschlossen.

§ 11 Schlussbestimmungen

1. Dieser Dienstvertrag regelt die vertraglichen Beziehungen der Parteien abschließend und ersetzt alle früheren mündlichen und schriftlichen Vereinbarungen. Nebenabreden sind nicht getroffen. Änderungen und Ergänzungen dieses Vertrages bedürfen zu ihrer Wirksamkeit der Schriftform.

2. Sollte eine Bestimmung dieses Vertrages ganz oder teilweise rechtsunwirksamoder undurchführbar sein oder werden, so wird die Geltung der übrigen Bestimmungen dieses Vertrages hierdurch nicht berührt. An die Stelle der unwirksamenoder undurchführbaren Bestimmung oder an die Stelle einer Vertragslücke tritteine wirksame oder durchführbare Bestimmung, die dem Sinn und Zweck derungültigen bzw. undurchführbaren Bestimmung am Nächsten kommt. Im Falleeiner Lücke gilt diejenige Bestimmung als vereinbart, die dem entspricht, wasnach Sinn und Zweck dieses Vertrages vereinbart worden wäre, hätte man dieAngelegenheit von vorneherein bedacht.

3. Erfüllungsort und Gerichtsstand ist....................

_____, den ....   _____, den ....

_____   _____
Gesellschafterversammlung (alle Gesellschafter)   Geschäftsführer

12.2.1.7 Muster Geschäftsordnung bei mehreren Geschäftsführern

Gesellschafterbeschluss der XYZ GmbH mit Sitz in Ort

Wir sind sämtliche Gesellschafter der XYZ GmbH. Unter Verzicht auf die Einhaltung aller gesetzlichen und gesellschaftsvertraglichen Formen und Fristen beschließen wir folgende Geschäftsordnung:

§ 1 Mitglieder der Geschäftsführung

1. Die Geschäftsführung besteht aus einem Hauptgeschäftsführer, den Geschäftsführern und den Prokuristen.

2. Die Geschäftsführer haben ihr Amt mit der Sorgfalt eines ordentlichen Kaufmanns zu führen. Sie sind verpflichtet, die Geschäfte in Übereinstimmung mit denGesetzen, dem Gesellschaftsvertrag in seiner jeweiligen Fassung, der Geschäftsordnung und den Weisungen der Gesellschafterversammlung zu führen.

§ 2 Vorsitzender der Geschäftsführung (Hauptgeschäftsführer)

1. Der Hauptgeschäftsführer führt die Geschäfte der Gesellschaft gesamtverantwortlich nach unternehmerischen Zielsetzungen und den Weisungen der Gesellschafterversammlung.

2. Der Hauptgeschäftsführer erstellt einen Geschäftsverteilungsplan, der denGeschäftsbereich eines jeden Geschäftsführers und der Prokuristen festlegt. Dieser bedarf der Zustimmung der Gesellschafterversammlung.
3. Die anderen Mitglieder der Geschäftsführung berichten an den Hauptgeschäftsführer und sind an seine Weisungen gebunden.

§ 3 Aufgaben der Geschäftsführer

1. Jeder Geschäftsführer handelt in seinem Ressort eigenverantwortlich und ist zum Erlass von Anordnungen nur innerhalb seines Ressorts berechtigt, ausgenommen bei Gefahr in Verzug.
2. Jeder Geschäftsführer hat dafür zu sorgen, dass die ressortbezogenen Interessenstets dem Gesamtwohl des Unternehmens untergeordnet sind. Dementsprechendhaben sie die für den Geschäftsverlauf der Gesellschaft wichtigen Umständelaufend zu verfolgen und auf zweckmäßige Änderungen durch Anrufung derGeschäftsleitung oder Unterrichtung des Hauptgeschäftsführers hinzuwirken. Bei Maßnahmen oder Entwicklungen, die für das Unternehmen besondersbedeutend sein können, müssen sie den Hauptgeschäftsführer unverzüglichbenachrichtigen.
3. Bei Meinungsverschiedenheiten zwischen den Mitgliedern der Geschäftsführungentscheidet der Hauptgeschäftsführer. Dieser kann jederzeit die Gesellschafterversammlung zur Entscheidung einberufen.

§ 4 Geschäftsführungssitzungen

1. Die Geschäftsführung trifft übergreifende Entscheidungen grundsätzlich in Geschäftsführungssitzungen. Diese finden einmal monatlich mit einer Ankündigungsfrist von einer Woche statt. Bei Eilbedürftigkeit oder auf Antrag eines Geschäftsführers ist eine Geschäftsführungssitzung unverzüglich durch den Hauptgeschäftsführer einzuberufen.
2. Entscheidungen können im Umlaufverfahren getroffen werden.
3. Der Hauptgeschäftsführer leitet die Sitzungen und ist für das Sitzungsprotokollverantwortlich, das spätestens eine Woche nach der Sitzung den anderen Mitgliedern und den Gesellschaftern übermittelt werden soll.
4. Jeder Geschäftsführer kann verlangen, dass von ihm benannte Fragen in der Sitzung diskutiert und entschieden werden.
5. Die Geschäftsleitung wird nach Möglichkeit die Beschlüsse einstimmig fassen. Im Zweifel entscheidet der Hauptgeschäftsführer. Überstimmte Geschäftsführerkönnen über ihre Auffassung die Gesellschafter unterrichten. Sie müssen dies, wenn sie den Beschlussinhalt für rechtswidrig halten oder als eine akute Gefährdung der wirtschaftlichen oder rechtlichen Lage der Gesellschaft ansehen.
6. Über Angelegenheiten aus dem Ressort eines in der Sitzung nicht anwesendenGeschäftsführers kann nur entschieden werden, wenn die Angelegenheit keinenAufschub duldet.

§ 5 Zustimmungsbedürftige Geschäfte

1. Geschäfte, die nicht im Rahmen des gewöhnlichen Geschäftsbetriebs liegen, bedürfen der vorherigen Zustimmung der Gesellschafterversammlung. Zusolchen Geschäften außerhalb des gewöhnlichen Geschäftsbetriebes gehöreninsbesondere:

a. ....

12.2.1.8 Muster Einladung Gesellschafterversammlung

Einschreiben/Rückschein
Herrn
X
..........straße ...
00000 Ort

Datum

Einladung zur außerordentlichen Gesellschafterversammlung der XYZ GmbH mit Sitz in Ort

Sehr geehrter X,

als Geschäftsführer der im Handelsregister des Amtsgerichts Ort unter HRB 0000 eingetragenen

XYZ GmbH mit Sitz in Ort

lade ich Sie deshalb zu einer außerordentlichen Gesellschafterversammlung dieser Gesellschaft für

Montag, den 00.00.0000 um 10.00 Uhr
an den Sitz der o.g. Gesellschaft in deren Geschäftsräume nach
00000 Ort, ...straße ...

ein. Als Tagesordnung gebe ich bekannt:

TOP 1   Feststellung der Beschlussfähigkeit, Wahl eines Versammlungsleiters

TOP 2   Wahl und Bestellung eines Abschlussprüfers für das Jahr 0000

TOP 3   Abberufung des Geschäftsführers X aus wichtigem Grund und fristlose Kündigung seines Geschäftsführervertrages

Mit freundlichen Grüßen

Geschäftsführer

12.2.1.9 Muster Einladung Folgeversammlung

Einschreiben/Rückschein
Herrn
X
..........straße ...
00000 Ort

Datum

Einladung zur außerordentlichen Gesellschafterversammlung der
XYZ GmbH mit Sitz in Ort (Folgeversammlung)

Sehr geehrter X,

die Gesellschafterversammlung vom heutigen Tage war leider nicht beschlussfähig, da nicht mindestens die Hälfte des Stammkapitals vertreten war.

Als Geschäftsführer der im Handelsregister des Amtsgerichts Ort unter HRB 0000 eingetragenen

XYZ GmbH mit Sitz in Ort

lade ich Sie deshalb zu einer erneuten außerordentlichen Gesellschafterversammlung (Folgeversammlung) dieser Gesellschaft für

Montag, den 00.00.0000 um 10.00 Uhr
an den Sitz der o.g. Gesellschaft in deren Geschäftsräume nach
00000 Ort, ...straße ...

ein. Diese Versammlung wird dann ohne Rücksicht auf die Höhe des vertretenen Stammkapitals beschlussfähig sein. Als Tagesordnung gebe ich die gleiche Tagesordnung wie der nicht beschlussfähigen Gesellschafterversammlung vom heutigen Tage bekannt:

TOP 1   Feststellung der Beschlussfähigkeit, Wahl eines Versammlungsleiters

TOP 2   Wahl und Bestellung eines Abschlussprüfers für das Jahr 0000

TOP 3   Abberufung des Geschäftsführers X aus wichtigem Grund und fristlose Kündigung seines Geschäftsführervertrages

Mit freundlichen Grüßen

Geschäftsführer

12.2.1.10 Muster Protokoll Gesellschafterversammlung

Niederschrift über den Ablauf der Gesellschafterversammlung vom 00.00.0000
der XYZ GmbH mit Sitz in Ort

Ort: Ort
Beginn: 00.00 Uhr

Anwesende: X für sich
                RA R für Y unter Vorlage einer schriftlichen Vollmacht im Original, welche als Anlage zum
                Protokoll genommen wird
                Z für sich

RA R rügt vorab die Nichteinhaltung der Ladungsfrist.

Die Tagesordnung wird wie folgt behandelt:

TOP 1   Feststellung der Beschlussfähigkeit, Wahl des Versammlungsleiters

                Alle Gesellschafter sind anwesend bzw. vertreten, die Gesellschafterversammlung ist
                beschlussfähig.

                Beschlussvorschlag: RA R wird zum Versammlungsleiter gewählt.
                Abstimmung hierzu: X: nein
                                          RA R: ja
                                          Z: ja

                Beschlussfeststellung: RA R wurde mit Mehrheitsbeschluss zum Versammlungsleiter
                                          gewählt.

TOP 2   Wahl und Bestellung eines Abschlussprüfers für das Jahr 0000

                Beschlussvorschlag: P wird als Abschlussprüfer der Gesellschaft für das
                                          Geschäftsjahr 0000 gewählt.

                Abstimmung hierzu: X: ja
                                          RA R: nein
                                          Y: nein

                Beschlussfeststellung: Der Beschlussvorschlag wurde durch Mehrheitsbeschluss
                                          abgelehnt.

TOP 3   Abberufung des Geschäftsführers X aus wichtigem Grund

                RA R führt die wichtigen Gründe wie folgt aus: ....

                X nahm trotz Hinweis durch RA R, dass er bei der Beschlussfassung „in eigener Sache" kein
                Stimmrecht habe, an der Abstimmung teil.

                Beschlussvorschlag: Der Geschäftsführer X wird mit sofortiger Wirkung als
                                          Geschäftsführer der XYZ GmbH aus wichtigen Grund
                                          abberufen, sein Geschäftsführervertrag fristlos gekündigt
                                          und Yermächtigt, die Kündigung im Namen der
                                          Gesellschafterversammlung auszusprechen.

                Abstimmung hierzu: X: nein
                                          RA R: ja
                                          Y: ja

                Beschlussfeststellung: Der Beschlussvorschlag wurde durch Mehrheitsbeschluss
                                          angenommen.

Ende der Gesellschafterversammlung: 00.00 Uhr
für die Richtigkeit dieser Niederschrift: _____

12.2.1.11 Muster Gesellschafterbeschluss Vollversammlung

Gesellschafterbeschluss der XYZ GmbH mit Sitz in Ort.

Wir sind sämtliche Gesellschafter der XYZ GmbH. Unter Verzicht auf die Einhaltung aller gesetzlichen und gesellschaftsvertraglichen Formen und Fristen beschließen wir einstimmig was folgt:

1. X wird als Geschäftsführer abberufen, ihm wird Entlastung erteilt.
2. Der Geschäftsführervertrag der Gesellschaft mit X wird zum 00.00.0000 einvernehmlich aufgehoben.
3. P wird als Abschlussprüfer der Gesellschaft für das Geschäftsjahr 0000 bestellt.

Ort, Datum.

Unterschrift aller Gesellschafter

12.2.1.12 Muster Nachfristsetzung Einzahlung Stammkapital (Kaduzierung)

Einschreiben/Rückschein
Herrn
X
..........straße ...
00000 Ort

Datum

XYZ GmbH mit Sitz in Ort
Ihr Geschäftsanteil im Nennbetrag von 00.000,00 €
hier: Nachfristsetzung zur Einzahlung Stammkapital
Androhung des Ausschlusses mit dem Geschäftsanteil

Sehr geehrter X,

mit Schreiben vom 00.00.0000 habe ich Sie – wie alle anderen Gesellschafter auch – aufgefordert, das auf Ihren Geschäftsanteil zu erbringende Stammkapital bis zum 00.00.0000 voll einzuzahlen, so dass die Geschäftsführung hierüber frei verfügen kann.

Der auf Ihren o. g. Geschäftsanteil entfallende Betrag ist bis heute nicht eingegangen.

Ich setze Ihnen hiermit eine Nachfrist bis zum

00.00.0000

und fordere Sie auf, den Betrag in Höhe von 0.000,00 € innerhalb dieser Frist zu überweisen.

Nach fruchtlosem Ablauf der Frist werden Sie Ihres Geschäftsanteils im Nennbetrag von 00.000,00 € gemäß § 21 GmbHG für verlustig erklärt.

Mit freundlichen Grüßen

Geschäftsführer

12.3   AVB-VOV 5.0

Allgemeine Bedingungen zur VOV D&O-Versicherung
Hinweis:
   Aus Gründen der besseren Lesbarkeit wird auf die gleichzeitige Verwendung verschiedener geschlechtsspezifischer Sprachformen verzichtet. Sämtliche Personenbezeichnungen gelten gleichberechtigt für alle Geschlechter/Geschlechtsidentitäten.

12.3.1 Inhalt

12.4   Allgemeine Bedingungen zur VOV D&O-Versicherung

(AVB-VOV 5.0)

Bei der VOV D&O-Versicherung handelt es sich um eine auf dem Claims-Made-Prinzip (Anspruchserhebungsprinzip) basierende Versicherung. Dies bedeutet, dass Versicherungsschutz nur für solche Ansprüche gewährt wird, die erstmals während der Dauer des Versicherungsvertrags oder, soweit vereinbart, während der Nachmeldefrist aufgrund einer vor dem Ende des Versicherungsvertrags begangenen Pflicht verletzung in Textform gegen eine versicherte Person geltend gemacht werden.

Die Leistungspflicht der VOVVersicherungsgemeinschaft ist auf die vereinbarte Versicherungssumme begrenzt, sodass auch Kosten (z.B. Abwehrkosten) aus der Versicherungssumme entnommen werden, sofern nicht im Folgenden etwas anderes vereinbart ist (vgl. etwa § 3 Ziffern 1.3.).

Voraussetzungen und Umfang des Versicherungsschutzes im Einzelnen entnehmen Sie bitte den nachfolgenden Allgemeinen Bedingungen zur VOV D&O-Versicherung (AVB-VOV 5.0) und dem jeweiligen Versicherungsschein.

§ 1 Versichertes Risiko

1   Versicherungsfall

Die Versicherer der VOV Versicherungsgemeinschaft (im Folgenden VOV genannt) gewähren – im gesetzlichen Rahmen weltweit – Versicherungsschutz für den Fall, dass versicherte Personen wegen einer bei der versicherten Tätigkeit begangenen Pflichtverletzung auf Ersatz eines Vermögensschadens in Anspruch genommen werden.

Versicherungsfall ist nicht die Pflichtverletzung, sondern die erstmalige Inanspruchnahme auf Ersatz eines Vermögensschadens in Textform. Der erstmaligen Inanspruchnahme stehen, soweit sie erstmalig und in Textform erfolgen, gleich:

- eine Streitverkündung gegenüber einer versicherten Person,
- die Aufrechnung mit einem nach diesem Vertrag versicherten Haftpflichtanspruch gegen eine von einer versicherten Person erhobene Forderung,
- die mit einem nach diesem Vertrag versicherten Haft pflichtanspruch begründete Geltendmachung eines Zurück behaltungsrechts gegen eine von einer versicherten Person erhobene Forderung,
- ein Beschluss, in dem ein hierfür zuständiges Organ der Versicherungsnehmerin oder eines Tochterunternehmens eine für einen Vermögensschaden ursächliche Pflichtverletzung einer versicherten Person feststellt.

Der Versicherungsschutz umfasst auch Inanspruchnahmen

- gemäß §§ 34, 69 Abgabenordnung (AO) oder vergleichbaren ausländischen Rechtsvorschriften,
- gemäß § 64 Satz 1 GmbHG und § 93 Abs. 3 Nr. 6 AktG,
- aufgrund vertraglicher Haftpflichtbestimmungen, soweit diese nicht über den Umfang gesetzlicher Haftpflichtbestimmungen hinausgehen.

2   Sonstige Leistungsfälle

Soweit die VOV Versicherungsschutz für Leistungen gewährt, deren Voraussetzung nicht ein Versicherungsfall (erstmalige textförmige Inanspruchnahme auf Ersatz eines Vermögensschadens), sondern ein sonstiger Leistungsfall (z.B. die Einleitung eines Straf- oder Ordnungswidrigkeitenverfahrens gegen eine versicherte Person) ist, gelten – vorbehaltlich etwaiger im Zusammenhang mit dem sonstigen Leistungsfall getroffener abweichender Bestimmungen – die für Versicherungsfälle getroffenen Regelungen entsprechend.

3   Erweiterter Vermögensschadenbegriff

Vermögensschaden ist jeder Schaden, der weder in der Tötung, Körperverletzung oder Gesundheitsbeeinträchtigung von Personen (Personenschaden) noch in der Vernichtung, Beschädigung oder dem Abhandenkommen von Sachen (Sachschaden) besteht, noch sich aus solchen Schäden her leitet (Folgeschaden).

In Erweiterung zu Absatz 1 gelten auch Folgeschäden als Vermögensschäden, wenn
– die dem Versicherungsfall zugrunde liegende Pflichtverletzung nicht für den Personen- oder Sachschaden, sondern ausschließlich für den Folgeschaden ursächlich ist,
– der Personen- oder Sachschaden nicht bei der Versicherungsnehmerin oder einem Tochterunternehmen, sondern bei einem Dritten eintritt, und die Versicherungsnehmerin oder ein Tochterunternehmen dadurch einen Folgeschaden erleidet, der über den Ausgleich des bei dem Dritten eingetretenen Personen- oder Sachschadens hinausgeht, oder
– der Personenschaden in der psychischen Beeinträchtigung („mental anguish" oder „emotional distress") einer natürlichen Person besteht, die deshalb Haftpflichtansprüche

wegen immaterieller Schäden nach dem Allgemeinen Gleichbehandlungsgesetz (AGG) oder ähnlichen Rechtsvorschriften gegen versicherte Personen geltend macht.

Als Vermögensschäden gelten auch Schäden von Anteilseignern wegen Wertverlusten von Anteilen an der Versicherungsnehmerin oder einem Tochterunternehmen.

Die Beweislast für das Nichtvorliegen eines Vermögensschadens liegt in deckungsrechtlicher Hinsicht bei der VOV.

4   Gesetzes- und Embargovorbehalt; nationale Versicherungsverbote

Versicherungsschutz besteht ungeachtet sonstiger Vertrags bestimmungen im gesetzlich zulässigen Rahmen, insbesondere also nur soweit und solange keine Wirtschafts-, Handels- oder Finanzsanktionen oder Embargos oder vergleichbare Entscheidungen der Vereinten Nationen, der Europäischen Union, des Europäischen Wirtschaftsraums, einer Organisation, in die die Bundesrepublik Deutschland durch Mitgliedschaft zur Umsetzung verpflichtet ist, der Bundesrepublik Deutschland oder ein für die Versicherungsnehmerin oder

ein Tochterunternehmen ansonsten geltendes nationales Recht dem entgegenstehen.

Das gleiche gilt für Wirtschafts-, Handels- oder Finanzsanktionen oder Embargos oder vergleichbare Entscheidungen der Vereinigten Staaten von Amerika und des Vereinten Königreichs von England sowie sonstiger Länder, in denen die Versicherungsnehmerin oder ein Tochterunternehmen wirtschaftlich tätig ist, wenn und soweit diese nicht gegen das für die Bundesrepublik Deutschland geltende Recht verstoßen. Versicherungsschutz besteht nicht in Staaten außerhalb der Europäischen Union, die den Versicherungsschutz gemäß diesem Vertrag durch einen dort nicht zugelassenen Versicherer verbieten oder unter einen Erlaubnisvorbehalt stellen.

§ 2 Versicherungsleistungen

1.   Abwehr drohender und erhobener Haftpflichtansprüche

1.1   Anzeige von Umständen

Die Versicherungsnehmerin und die versicherten Personen haben bis zur Beendigung des Versicherungsvertrags sowie innerhalb einer Nachmeldefrist das Recht, der VOV in Text- form Umstände anzuzeigen, aufgrund derer einer versicherten Person wegen einer vor Beendigung des Versicherungsvertrags begangenen Pflichtverletzung oder des Vorwurfs einer solchen Pflichtverletzung mit hinreichender Wahrscheinlichkeit ein Versicherungsfall droht.

Eine Umstandsanzeige kommt beispielsweise in Betracht, wenn wegen des Vorwurfs einer Pflichtverletzung

– der versicherten Person mündlich Haftpflichtansprüche angedroht wurden,

– der versicherten Person die Entlastung verweigert wurde,

– der versicherten Person eine Abmahnung erteilt wurde,

– die versicherte Person von der Organtätigkeit abberufen wurde,

– der versicherten Person der Anstellungsvertrag vorzeitig gekündigt wurde,

– die versicherte Person aufgefordert wurde, wegen eines Haftpflichtanspruchs auf die Einrede der Verjährung zu verzichten,

– die Versicherungsnehmerin oder ein Tochterunternehmen eine im Anstellungsvertrag mit der versicherten Person vereinbarte Leistung trotz Fälligkeit ganz oder teilweise nicht erbracht hat,

– ein Klagezulassungsverfahren gemäß § 148 Aktiengesetz oder vergleichbaren ausländischen Rechtsvorschriften gegen die versicherte Person beantragt wurde,

– ein Sonderprüfer gemäß § 142 Aktiengesetz oder vergleichbaren ausländischen Rechtsvorschriften bestellt wurde,

– gegen die Versicherungsnehmerin oder ein Tochterunternehmen wegen eines von der versicherten Person verursachten Vermögensschadens ein Schadenersatzanspruch erhoben wurde,

– durch eine Behörde ein Verfahren eingeleitet wurde, welches die Prüfung etwaiger Pflichtverletzungen der versicherten Person bei Ausübung der versicherten Tätigkeit zum Gegenstand hat,

- im Rahmen der genossenschaftlichen Pflichtprüfung eine Einschränkung der Ordnungsmäßigkeit der Geschäftsführung festgestellt wurde oder
- ein zivilrechtliches Verfahren auf Widerruf oder Unterlassung gegen die versicherte Person aufgrund einer Pflichtverletzung eingeleitet wurde.

Eine Umstandsanzeige entfaltet nur Wirksamkeit, wenn die versicherte Person in ihr den Anlass der Anzeige angibt und konkrete Angaben zu Art und Zeitpunkt der tatsächlichen oder möglichen Pflichtverletzung sowie zu Art und Höhe des tatsächlichen oder möglichen Vermögensschadens macht. Eine Umstandsanzeige innerhalb der Nachmeldefrist ist nur für Pflichtverletzungen wirksam, die vor Beendigung des Versicherungsvertrags begangen worden sind und spätestens innerhalb eines Jahres nach Ablauf der Nachmeldefrist zu einem Versicherungsfall führen.

Die Versicherungsnehmerin ist berechtigt, eine Umstandsanzeige im Namen einer versicherten Person für diese abzugeben, wenn sie eine entsprechende Vollmacht nachweist.

Tritt nach einer Umstandsanzeige ein Versicherungsfall ein, der auf den angezeigten Umständen beruht, wird er so behandelt, als sei er bereits im Zeitpunkt der Anzeige eingetreten. Versicherungsschutz besteht also zu den Vertragsbestimmungen, die am Tag der Anzeige galten, bei Anzeige nach Vertragsbeendigung zu den Bestimmungen, die am Tag der Beendigung galten. Zur Regulierung steht maximal der zum Zeitpunkt des Eintritts des Versicherungsfalls noch nicht verbrauchte Anteil der Versicherungssumme zur Verfügung.

Werden angezeigte Umstände später erneut angezeigt, gilt ein eventueller Versicherungsfall als im Zeitpunkt der ersten Anzeige eingetreten.

1.2   Übernahme von Kosten bei Anzeige von Umständen

Die versicherte Person hat das Recht, von der VOV zur Vermeidung des Eintritts des Versicherungsfalls die Übernahme der Kosten eines Rechtsanwalts zu verlangen, wenn sie der VOV Umstände nach Maßgabe von Ziffer 1.1. anzeigt. § 2 Ziffer 1.10. (Freie Anwaltswahl) gilt entsprechend.

1.3   Abwehrkosten nach Eintritt des Versicherungsfalls

Im Versicherungsfall übernimmt die VOV die Kosten der außergerichtlichen und gerichtlichen Abwehr des gegen eine versicherte Person erhobenen Anspruchs (Abwehrkosten).

Zu den Abwehrkosten gehören insbesondere die Kosten der Prüfung der Haftpflichtfrage, Anwalts, Sachverständigen, Zeugen- und Gerichtskosten, Reisekosten sowie Schaden ermittlungskosten.

1.4   Sofortkosten ohne vorherige Abstimmung mit der VOV

Sind in einem Versicherungsfall unverzüglich Sofortmaßnahmen einer versicherten Person zu ergreifen und ist eine vorherige Abstimmung mit der VOV nicht möglich, übernimmt diese dennoch die für die Sofortmaßnahmen notwendigen Kosten.

§ 2 Ziffer 1.10. (Freie Anwaltswahl) gilt entsprechend. Hierfür besteht ein Sublimit in Höhe von € 100.000,--.

1.5   Abwehrkosten bei einem die Versicherungssumme übersteigenden Streitwert

Selbst wenn der Streitwert eines Haftpflichtanspruchs die Versicherungssumme übersteigt, übernimmt die VOV die Abwehrkosten, ohne geltend zu machen, dass sie nur zu einer anteiligen Übernahme verpflichtet sei. § 3 Ziffer 1.1. (Versicherungssumme) bleibt unberührt.

1.6   Abwehrkosten bei Aufrechnung oder Zurückbehaltung

Tritt der Versicherungsfall dadurch ein, dass gegen eine von einer versicherten Person geltend gemachte Forderung mit einem versicherten Haftpflichtanspruch aufgerechnet oder ein solcher im Wege eines Zurückbehaltungsrechts geltend gemacht wird, übernimmt die VOV die Kosten der außergerichtlichen und gerichtlichen Durchsetzung der von der versicherten Person geltend gemachten Forderung.

Übersteigt die Forderung der versicherten Person den im Wege der Aufrechnung oder des Zurückbehaltungsrechts geltend gemachten versicherten Haftpflichtanspruch, trägt die VOV die Anwalts- und Gerichtsgebühren nur nach dem Streitwert des Haftpflichtanspruchs oder aufgrund einer mit der VOV getroffenen Honorarvereinbarung.

Übersteigt der versicherte Haftpflichtanspruch die Forderung der versicherten Person, übernimmt die VOV auch die Kosten der Abwehr des weitergehenden Anspruchs.

1.7   Kosten für Sicherheitsleistungen und Kautionen

Die VOV übernimmt im Versicherungsfall die Kosten der Stellung einer Sicherheitsleistung, die erforderlich ist, um eine Zwangsvollstreckung abzuwenden. In einem Strafverfahren trägt sie außerdem die Kosten der Stellung einer Kaution zur Aussetzung des Haftvollzugs gegen eine versicherte Person. Hierfür besteht ein Sublimit in Höhe von € 500.000,--.

1.8   Kosten in Arrest- und Verbotsverfahren

Die VOV übernimmt im Versicherungsfall die Kosten der Abwehr eines dinglichen Arrests über Vermögenswerte einer versicherten Person, eines persönlichen Arrests einer versicherten Person oder eines durch eine einstweilige Verfügung ergangenen oder der versicherten Person drohenden Verbots, die versicherte Tätigkeit weiterhin auszuüben. Hierfür besteht ein Sublimit in Höhe von € 500.000,--.

1.9   Kostenallokation

Werden in einem Versicherungsfall Ansprüche gleichzeitig sowohl als auch

a. gegen versicherte und nicht versicherte Personen,

b. gegen versicherte Personen und die Versicherungsnehmerin oder ein Tochterunternehmen oder

c. aufgrund versicherter und nicht versicherter Sachverhalte erhoben, besteht Versicherungsschutz für den Anteil der Abwehrkosten und des Vermögensschadens, der dem Haftungsanteil der versicherten Personen für versicherte Sachverhalte entspricht. Abweichend davon trägt die VOV in Fällen gemäß

a) und b) die gesamten Abwehrkosten, solange die rechtlichen Interessen durch dieselbe Rechtsanwaltskanzlei vertreten werden.

Im Rahmen dieser Vereinbarung besteht kein Versicherungsschutz

– für Haftpflichtansprüche, die in den U.S.A. oder auf Basis des dort geltenden Rechts geltend gemacht werden oder

– wenn die Versicherungsnehmerin oder ein Tochterunternehmen ein Finanzdienstleistungsunternehmen ist.

Sofern die VOV und die versicherte Person keine Einigung über den Haftungsanteil erzielen, wird dieser nach Aufforderung der versicherten Person durch eine bindende Entscheidung im Schiedsgerichtsverfahren festgestellt. Hierfür benennen die VOV und die versicherte Person jeweils einen Schiedsrichter, die dann einen dritten Schiedsrichter benennen.

Im Übrigen gelten die Vorschriften der Zivilprozessordnung zum Schiedsgerichtsverfahren gemäß §§ 1025 ff. ZPO. Eine aufgrund der Entscheidung im Schiedsgerichtsverfahren erfolgte Zahlung von Abwehrkosten enthält keine Vorentscheidung über die Frage der Deckung und der Haftung in Bezug auf den geltend gemachten Anspruch.

1.10   Freie Anwaltswahl

Den versicherten Personen wird im Einvernehmen mit der VOV die Wahl des zu beauftragenden Rechtsanwalts überlassen, wobei die VOV die versicherten Personen auf Wunsch bei der Auswahl eines geeigneten Rechtsanwalts unterstützt.

Die VOV übernimmt die Gebühren nach dem Rechtsanwaltsvergütungsgesetz (RVG), entsprechenden in- oder ausländischen Gebührenordnungen oder Kosten aufgrund von Honorarvereinbarungen, soweit die jeweilige Vergütung im Hinblick auf die Schwierigkeit und Bedeutung der Sache angemessen ist.

Sollte die Beauftragung eines zusätzlichen Beraters oder Gutachters, z.B. eines Steuerberaters oder Wirtschaftsprüfers, im Hinblick auf die Schwierigkeit und Bedeutung der Sache erforderlich sein, übernimmt die VOV auch dessen Kosten in angemessener Höhe.

1.11   Konfliktmanagement

Wehrt die VOV in einem Versicherungsfall, dem ein Innenhaftungsanspruch zugrunde liegt, den Anspruch gerichtlich oder außergerichtlich ab, können die VOV, die betroffene versicherte Person und die Versicherungsnehmerin gemeinsam unter der Voraussetzung, dass eine Eskalation der Schadensache anderweitig nicht zu verhindern und eine zukünftige vergleichsweise Einigung ansonsten offensichtlich nicht zu erreichen ist, einen unabhängigen, zur Vertraulichkeit verpflichteten Dritten als Konfliktmanager beauftragen. Ziel des Konfliktmanagements ist die Deeskalation der Haftpflichtstreitigkeit und ihre möglichst einvernehmliche Beilegung.

Der Konfliktmanager unterstützt die Parteien, indem er Gespräche und Verhandlungen strukturiert und moderierend begleitet. Ihm obliegt auch die jeweilige Ausgestaltung der Verhandlungen.

Die Kosten des Konfliktmanagers trägt die VOV bis zu einem Sublimit in Höhe von € 100.000,--. Der Rechtsweg zu den ordentlichen Gerichten ist bei einem Scheitern des Konfliktmanagements nicht ausgeschlossen.

2   Freistellung von Haftpflichtansprüchen

2.1   Schadenersatz

Die VOV stellt eine versicherte Person von dem gegen sie erhobenen Schadenersatzanspruch frei, soweit dieser durch rechtskräftiges Urteil, Anerkenntnis oder Vergleich mit Bindungswirkung für den Versicherer festgestellt worden ist.

2.2   Zinsen

Hat die versicherte Person infolge einer von der VOV veranlassten Verzögerung der Befriedigung des Anspruchstellers Zinsen an diesen zu entrichten, übernimmt die VOV deren Bezahlung selbst dann, wenn die Versicherungssumme bereits verbraucht sein sollte.

3   Weitere Leistungen zugunsten versicherter Personen

3.1   Gehaltsfortzahlung bei Aufrechnung oder Zurückbehaltung

Tritt der Versicherungsfall dadurch ein, dass gegen einen von einer versicherten Person geltend gemachten anstellungsvertraglichen Anspruch auf Festvergütung mit einem versicherten Haftpflichtanspruch aufgerechnet oder ein solcher im Wege eines Zurückbehaltungsrechts geltend gemacht wird, übernimmt die VOV die Fortzahlung der monatlichen Nettofestvergütung. Diese Gehaltsfortzahlung wird für die Dauer von höchstens 12 Monaten geleistet. Sie erfolgt monatlich zum anstellungsvertraglich vorgesehenen Fälligkeitszeitpunkt in der zum Zeitpunkt der Aufrechnungserklärung oder der Geltendmachung des Zurückbehaltungsrechts bestehenden Höhe der monatlichen Nettofestvergütung. Im Umfang der Leistung geht der Vergütungsanspruch der versicherten Person auf die VOV über. § 86 VVG gilt entsprechend.

Hierfür besteht ein Sublimit in Höhe von 10 % der Versicherungssumme, maximal € 250.000,--.

3.2   Übernahme von Kosten zur Minderung von Reputationsschäden

Droht in einem Versicherungsfall ein das berufliche Ansehen einer versicherten Person beeinträchtigender Reputationsschaden, übernimmt die VOV die Kosten, die erforderlich sind, um den Reputationsschaden durch Beauftragung einer PR-Agentur abzuwenden oder zu mindern. Versichert sind außerdem die Kosten, die dadurch entstehen, dass die Geltendmachung von Unterlassungs- oder Widerrufsansprüchen erforderlich ist.

Hierfür besteht ein Sublimit in Höhe von 10 % der Versicherungssumme, maximal € 500.000,--.

Für die Auswahl der PRAgentur gilt § 2 Ziffer 1.10. (Freie Anwaltswahl) entsprechend.

3.3   Verteidigung gegen Abmahnung, Abberufung oder Kündigung

Wird eine versicherte Person abgemahnt, abberufen oder gekündigt, übernimmt die VOV die Kosten der außergerichtlichen und gerichtlichen Überprüfung der jeweiligen Sanktionsmaßnahme.

Diese Leistung wird gewährt, soweit die Sanktionsmaßnahme mit einer bei der versicherten Tätigkeit begangenen Pflichtverletzung begründet wird, die zu einer Anzeige von Umständen gemäß § 2 Ziffer 1.2. (Übernahme von Kosten bei Anzeige von Umständen) berechtigt oder bereits einen Versicherungsfall gemäß § 1 Ziffer 1. (Versicherungsfall) ausgelöst hat. Die Leistungsgewährung erfolgt jedoch nur, sofern und solange die versicherte Person, die abgemahnt, abberufen oder gekündigt worden ist, Anspruch auf Versicherungsleistungen gemäß § 2 Ziffer 1.2. (Übernahme von Kosten bei Anzeige von Umständen) oder gemäß § 2 Ziffer 1.3. (Abwehrkosten nach Eintritt des Versicherungsfalls) hat.

Hierfür besteht ein Sublimit in Höhe von € 100.000,--.

3.4   Anwaltliche Beratung vor Einleitung eines Straf-, Ordnungswidrigkeiten- oder sonstigen behördlichen Verfahrens

Droht einer versicherten Person ein Straf- oder Ordnungswidrigkeitenverfahren oder ein sonstiges behördliches Verfahren, übernimmt die VOV die Kosten der Beratung durch einen Rechtsanwalt zum Zwecke der Abwehr der Verfahrenseinleitung.

Diese Leistung wird gewährt, soweit das drohende Straf- oder Ordnungswidrigkeitenverfahren oder sonstige behördliche Verfahren auf einer bei der versicherten Tätigkeit begangenen Pflichtverletzung beruht, die zu einer Anzeige von Umständen gemäß § 2 Ziffer 1.2. (Übernahme von Kosten bei Anzeige von Umständen) berechtigt oder bereits einen Versicherungsfall gemäß § 1 Ziffer 1. (Versicherungsfall) ausgelöst hat. Die Leistungsgewährung erfolgt jedoch nur, sofern und solange die versicherte Person, der das Straf- oder Ordnungswidrigkeitenverfahren droht, Anspruch auf Versicherungsleistungen gemäß § 2 Ziffer 1.2. (Übernahme von Kosten bei Anzeige von Umständen) oder gemäß § 2 Ziffer 1.3. (Abwehrkosten nach Eintritt des Versicherungsfalls) hat.

Hierfür besteht ein Sublimit in Höhe von € 100.000,--.

3.5   Unterstützung in Straf-, Ordnungswidrigkeiten- oder sonstigen behördlichen Verfahren

Wird ein Straf- oder Ordnungswidrigkeitenverfahren oder ein sonstiges behördliches Verfahren gegen eine versicherte Person eingeleitet, übernimmt die VOV die Kosten der außergerichtlichen und gerichtlichen anwaltlichen

Vertretung in dem jeweiligen Verfahren. Übernommen werden beispielsweise auch Kosten der Verteidigung im Zusammenhang mit Straf- oder
Ordnungswidrigkeitenverfahren auf der Grundlage des Kartellrechts (etwa
wegen Preis- oder Ausschreibungsabsprachen) oder des UK Bribery Act 2010.
Diese Leistung wird gewährt, soweit das Straf- oder Ordnungswidrigkeitenverfahren oder sonstige behördliche Verfahren mit einer bei der versicherten Tätigkeit begangenen Pflichtverletzung begründet wird, die zu
einer Anzeige von Umständen gemäß § 2 Ziffer 1.2. (Übernahme von Kosten
bei Anzeige von Umständen) berechtigt oder bereits einen Versicherungsfall gemäß § 1 Ziffer 1. (Versicherungsfall) ausgelöst hat. Die Leistungsgewährung erfolgt jedoch nur, sofern und solange die versicherte Person,
gegen die das Straf- oder Ordnungswidrigkeitenverfahren oder das sonstige
behördliche Verfahren eingeleitet worden ist, Anspruch auf Versicherungsleistungen gemäß § 2 Ziffer 1.2. (Übernahme von Kosten bei Anzeige von
Umständen) oder gemäß § 2 Ziffer 1.3. (Abwehrkosten nach Eintritt des Versicherungsfalls) hat.

3.6   Unterstützung in Standes-, Disziplinar- und Aufsichtsverfahren

Wird ein standes-, disziplinar- oder aufsichtsrechtliches Verfahren durch eine
Behörde, eine berufsständische oder eine sonstige gesetzlich ermächtigte Einrichtung gegen eine versicherte Person eingeleitet, übernimmt die VOV die
Kosten der außergerichtlichen und gerichtlichen anwaltlichen Vertretung in
dem jeweiligen Verfahren.

Diese Leistung wird gewährt, soweit das Standes-, Disziplinar- und Aufsichtsverfahren mit einer bei der versicherten Tätigkeit begangenen Pflichtverletzung begründet wird, die zu einer Anzeige von Umständen gemäß § 2
Ziffer 1.2. (Übernahme von Kosten bei Anzeige von Umständen) berechtigt
oder bereits einen Versicherungsfall gemäß § 1 Ziffer 1. (Versicherungsfall)
ausgelöst hat. Die Leistungsgewährung erfolgt jedoch nur, sofern und solange
die versicherte Person, gegen die das standes-, disziplinar- oder aufsichtsrecht-
liche Verfahren eingeleitet worden ist, Anspruch auf Versicherungsleistungen
gemäß § 2 Ziffer 1.2. (Übernahme von Kosten bei Anzeige von Umständen)
oder gemäß § 2 Ziffer 1.3. (Abwehrkosten nach Eintritt des Versicherungsfalls) hat.

Hierfür besteht ein Sublimit in Höhe von € 250.000,--.

3.7   Unterstützung in Auslieferungsverfahren

Wird ein Verfahren einer staatlichen Behörde mit dem Ziel der Auslieferung
ins Ausland (Auslieferungsverfahren) gegen eine versicherte Person eingeleitet, übernimmt die VOV die Kosten der außergerichtlichen und gerichtlichen anwaltlichen Vertretung in dem Verfahren und die Kosten einer zur
Verhinderung der Auslieferung zu stellenden Bürgschaft oder Kaution.

Nach Absprache übernimmt die VOV auch die notwendigen Kosten
für   weitergehende   Beratungsleistungen   (insbesondere   Rechts-   und

Steuerberatungs- sowie Public Relations-Beraterkosten). Für die Auswahl weiterer Berater gilt § 2 Ziffer 1.10. (Freie Anwaltswahl) entsprechend.

Diese Leistung wird gewährt, soweit das Auslieferungsverfahren mit einer bei der versicherten Tätigkeit begangenen Pflichtverletzung begründet wird, die zu einer Anzeige von Umständen gemäß § 2 Ziffer 1.2. (Übernahme von Kosten bei Anzeige von Umständen) berechtigt oder bereits einen Versicherungsfall gemäß § 1 Ziffer 1. (Versicherungsfall) ausgelöst hat. Die Leistungsgewährung erfolgt jedoch nur, sofern und solange die versicherte Person, gegen die das Auslieferungsverfahren eingeleitet worden ist, Anspruch auf Versicherungsleistungen gemäß § 2 Ziffer 1.2. (Übernahme von Kosten bei Anzeige von Umständen) oder gemäß § 2 Ziffer 1.3. (Abwehrkosten nach Eintritt des Versicherungsfalls) hat.

Hierfür besteht ein Sublimit in Höhe von € 250.000,--.

3.8   Unterstützung bei Zeugenvernehmung

Die VOV übernimmt die Kosten eines Rechtsanwalts, der bei einer Zeugenvernehmung einer versicherten Person hinzugezogen wird, um die Gefahr einer Selbstbelastung der versicherten Person zu verhindern oder zu verringern.

Diese Leistung wird gewährt, soweit das Risiko einer Selbstbelastung auf eine (vermeintliche) bei der versicherten Tätigkeit begangene Pflichtverletzung zurückzuführen ist, die zu einer Anzeige von Umständen gemäß § 2 Ziffer 1.2. (Übernahme von Kosten bei Anzeige von Umständen) berechtigt oder bereits einen Versicherungsfall gemäß § 1 Ziffer 1. (Versicherungsfall) ausgelöst hat. Die Leistungsgewährung erfolgt jedoch nur, sofern und solange die versicherte Person, die als Zeuge vernommen werden soll, Anspruch auf Versicherungs leistungen gemäß § 2 Ziffer 1.2. (Übernahme von Kosten bei Anzeige von Umständen) oder gemäß § 2 Ziffer 1.3. (Abwehr kosten nach Eintritt des Versicherungsfalls) hat.

Hierfür besteht ein Sublimit in Höhe von € 250.000,--.

3.9   Abwehr von Unterlassungs- und Auskunftsansprüchen

Wird gegen eine versicherte Person ein Unterlassungs- oder Auskunftsanspruch nach den Vorschriften des gewerblichen Rechtsschutzes, des Urheber-, Kartell- oder Wettbewerbsrechts geltend gemacht, übernimmt die VOV die erforderlichen Kosten der außergerichtlichen und gerichtlichen Abwehr des Anspruchs.

Diese Leistung wird gewährt, soweit der Unterlassungs- oder Auskunftsanspruch mit einer bei der versicherten Tätigkeit begangenen Pflichtverletzung begründet wird, die zu einer Anzeige von Umständen gemäß § 2 Ziffer 1.2. (Übernahme von Kosten bei Anzeige von Umständen) berechtigt oder bereits einen Versicherungsfall gemäß § 1 Ziffer 1. (Versicherungsfall) ausgelöst hat. Die Leistungsgewährung erfolgt jedoch nur, sofern und solange die versicherte Person, gegen die der Unterlassungs- oder Auskunftsanspruch geltend gemacht wird, Anspruch auf Versicherungsleistungen gemäß § 2 Ziffer 1.2.

(Übernahme von Kosten bei Anzeige von Umständen) oder gemäß § 2 Ziffer 1.3. (Abwehrkosten nach Eintritt des Versicherungsfalls) hat.

Hierfür besteht ein Sublimit in Höhe von € 150.000,--.

3.10 Kosten einer negativen Feststellungsklage

Im Versicherungsfall übernimmt die VOV auch die Kosten einer negativen Feststellungsklage, soweit eine solche Klage unter Berücksichtigung der Interessen der versicherten Person einerseits und der VOV andererseits taktisch geboten erscheint.

Hierfür besteht ein Sublimit in Höhe von € 150.000,--.

3.11 Abwehr von Bereicherungs- und Herausgabeansprüchen

Wird gegen eine versicherte Person ein Bereicherungs- oder Herausgabeanspruch geltend gemacht, übernimmt die VOV die erforderlichen Kosten der außergerichtlichen und gerichtlichen Abwehr des Anspruchs. Diese Leistung wird gewährt, soweit der Bereicherungs- oder Herausgabeanspruch mit einer bei der versicherten Tätigkeit begangenen Pflichtverletzung begründet wird, die zu einer Anzeige von Umständen gemäß § 2 Ziffer 1.2. (Übernahme von Kosten bei Anzeige von Umständen) berechtigt oder bereits einen Versicherungsfall gemäß § 1 Ziffer 1. (Versicherungsfall) ausgelöst hat. Die Leistungsgewährung erfolgt jedoch nur, sofern und solange die versicherte Person, gegen die der Bereicherungs- oder Herausgabeanspruch geltend gemacht wird, Anspruch auf Versicherungsleistungen gemäß § 2 Ziffer 1.2. (Übernahme von Kosten bei Anzeige von Umständen) oder gemäß § 2 Zif fer 1.3. (Abwehrkosten nach Eintritt des Versicherungsfalls) hat.

Hierfür besteht ein Sublimit in Höhe von € 100.000,--.

3.12 Abwehr von Ansprüchen wegen Verletzung von Antikorruptionsgesetzen

Wird gegen eine versicherte Person eine Forderung zur Zahlung von zivilrechtlichen Strafen und Bußen gemäß Foreign Corrupt Practices Act oder vergleichbaren Rechtsvorschriften geltend gemacht, übernimmt die VOV die Kosten der Abwehr einer solchen Forderung.

Diese Leistung wird gewährt, soweit die Forderung zur Zahlung von zivilrechtlichen Strafen und Bußen wegen Verletzung von Antikorruptionsgesetzen mit einer bei der versicherten Tätigkeit begangenen Pflichtverletzung begründet wird, die zu einer Anzeige von Umständen gemäß § 2 Ziffer 1.2. (Übernahme von Kosten bei Anzeige von Umständen) berechtigt oder bereits einen Versicherungsfall gemäß § 1 Ziffer 1. (Versicherungsfall) ausgelöst hat. Die Leistungsgewährung erfolgt jedoch nur, sofern und solange die versicherte Person, gegen die die Forderung zur Zahlung von zivilrechtlichen Strafen und Bußen geltend gemacht wird, Anspruch auf Versicherungsleistungen gemäß § 2 Ziffer 1.2. (Übernahme von Kosten bei Anzeige von Umständen) oder gemäß § 2 Ziffer 1.3. (Abwehrkosten nach Eintritt des Versicherungsfalls) hat.

Hierfür besteht ein Sublimit in Höhe von € 250.000,--.

3.13   Forensische Dienstleistungen

Über die gemäß § 2 Ziffer 1. (Abwehr drohender und erhobener Haftpflichtansprüche) zu erstattenden Kosten hinaus trägt die VOV die angemessenen Kosten eines forensischen Dienstleisters für die tatsächliche Sachverhaltsaufklärung, Beweisermittlung, Beweissicherung und Beweisbeibringung, soweit sie zur Erfüllung der Darlegungs- und Beweislast der in Anspruch genommenen versicherten Personen zur Abwehr des Haftpflichtanspruchs erforderlich sind. Für die Auswahl des forensischen Dienstleisters gilt § 2 Ziffer 1.10. (Freie Anwaltswahl) entsprechend.

Hierfür besteht ein Sublimit in Höhe von € 100.000,--.

3.14   Unterstützung in Verfahren nach dem Corporate Manslaughter and Corporate Homicide Act 2007

Die VOV gewährt einer versicherten Person Versicherungs schutz für die Abwehr eines durch die Versicherungsnehmerin oder ein Tochterunternehmen erhobenen Regressanspruchs infolge einer Haftung der Versicherungsnehmerin oder des Tochterunternehmens aufgrund eines in Großbritannien oder Irland betriebenen Verfahrens wegen „involuntary corporate manslaughter" nach dem Corporate Manslaughter and Corporate Homicide Act 2007.

Im Rahmen eines solchen Verfahrens übernimmt die VOV die Kosten der Rechtsberatung einer versicherten Person schon dann, wenn noch kein Anspruch gegen die versicherte Person erhoben worden ist, die Beratung aber zur Vermeidung rechtlicher Nachteile der versicherten Person erforderlich ist.

Hierfür besteht ein Sublimit in Höhe von € 1.000.000,--.

3.15   Abwehrkosten bei Personen- oder Sachschäden

Werden in einem Versicherungsfall auch Ansprüche auf Ersatz von Personen- oder Sachschäden geltend gemacht, besteht auch insoweit Versicherungsschutz für die gerichtliche und außergerichtliche Anspruchsabwehr.

Hierfür besteht ein Sublimit in Höhe von € 100.000,--.

3.16   Kosten einer Widerklage

Als Abwehrkosten gelten ferner, soweit die Inanspruchnahme weder durch die Versicherungsnehmerin noch durch ein Tochterunternehmen erfolgt, die Kosten der Erhebung einer Widerklage durch eine versicherte Person, sofern sie im Versicherungsfall für die Verteidigung sachdienlich ist.

4   Leistungen zugunsten der Versicherungsnehmerin und ihrer Tochterunternehmen

4.1   Company Reimbursement

Wird eine versicherte Person durch die Versicherungsnehmerin oder ein Tochterunternehmen in rechtlich zulässiger Weise aufgrund einer vor der Pflichtverletzung vereinbarten vertraglichen oder aufgrund einer gesetzlichen Freistellungsverpflichtung von einem durch einen Dritten erhobenen und nach diesem Vertrag versicherten Anspruch freigestellt, tritt das freistellende Unternehmen im Verhältnis zur VOV in die Rechtsposition der versicherten Person ein. Die VOV ist nur insoweit zur Leistung verpflichtet, als sie auch ohne die Freistellung verpflichtet gewesen wäre.

4.2   Übernahme der Kosten einer Firmenstellungnahme

Die VOV übernimmt die erforderlichen und angemessenen Kosten eines Rechtsanwalts, der für die Versicherungsnehmerin oder ein Tochterunternehmen eine Stellungnahme gegenüber einer Behörde abgibt, die ein Verfahren im Sinne von § 2 Ziffer 3.5. oder Ziffer 3.6. gegen unbestimmte versicherte Personen betreibt.

Diese Leistung wird gewährt, soweit das Verfahren mit einer bei der versicherten Tätigkeit begangenen Pflichtverletzung begründet wird, die zu einer Anzeige von Umständen gemäß § 2 Ziffer 1.2. (Übernahme von Kosten bei Anzeige von Umständen) berechtigt oder bereits einen Versicherungsfall gemäß § 1 Ziffer 1. (Versicherungsfall) ausgelöst hat. Die Leistungsgewährung erfolgt jedoch nur, sofern und solange mindestens eine der versicherten Personen, gegen die die Behörde das Verfahren im Sinne von § 2 Ziffer 3.5. oder Ziffer 3.6. betreibt, Anspruch auf Versicherungsleistungen gemäß § 2 Ziffer 1.2. (Übernahme von Kosten bei Anzeige von Umständen) oder gemäß § 2 Ziffer 1.3. (Abwehrkosten nach Eintritt des Versicherungsfalls) hat.

Voraussetzung ist, dass die Stellungnahme im Interesse der versicherten Personen liegt und der Verfahrensgegenstand mit einer bei der versicherten Tätigkeit begangenen Pflichtverletzung in Zusammenhang steht, die einen durch diesen Vertrag gedeckten Versicherungsfall ausgelöst hat oder den Eintritt eines solchen Versicherungsfalls ernstlich befürchten lässt.

Hierfür besteht ein Sublimit in Höhe von € 250.000,--.

Für die Auswahl des Rechtsanwalts durch das Unternehmen gilt § 2 Ziffer 1.10. (Freie Anwaltswahl) entsprechend.

4.3   Unterstützung bei aufsichtsrechtlichen Sonderuntersuchungen

Die VOV erstattet der Versicherungsnehmerin und deren Tochterunternehmen diejenigen erforderlichen und angemessenen Kosten, die ihnen bei einer aufsichtsrechtlichen Sonderuntersuchung (z.B. der Bundesanstalt für Finanzdienstleistungsaufsicht „BaFin", dem Bundeskartellamt oder ähnlichen ausländischen Behörden unter Ausnahme von US-Behörden) durch die Beauftragung eines Rechtsanwalts zur rechtsberatenden Begleitung folgender behördlicher Maßnahmen entstehen:

– der Beschlagnahme von Akten oder Datenträgern im Rahmen einer erstmaligen Hausdurchsuchung,

– der Verfügung zwecks Herausgabe Unterlagen zu erstellen oder zu vervielfältigen, oder

– der erstmaligen Anhörung oder Vernehmung einer versicherten Person.

Die VOV erstattet auch diejenigen Kosten, welche durch die Erstellung oder Vervielfältigung der gemäß vorstehendem zweitem Unterpunkt herauszugebenden Unterlagen entstehen.

Diese Leistung wird gewährt, soweit die Sonderuntersuchung mit einer bei der versicherten Tätigkeit begangenen Pflichtverletzung begründet wird, die zu einer Anzeige von Umständen gemäß § 2 Ziffer 1.2. (Übernahme von Kosten bei Anzeige von Umständen) berechtigt oder bereits einen Versicherungsfall gemäß § 1 Ziffer 1. (Versicherungsfall) ausgelöst hat. Die Leistungsgewährung erfolgt jedoch nur, sofern und solange die versicherte Person, die eine die Sonderuntersu chung begründende Pflichtverletzung begangen hat bzw. begangen haben soll, Anspruch auf Versicherungsleistungen gemäß § 2 Ziffer 1.2. (Übernahme von Kosten bei Anzeige von Umständen) oder gemäß § 2 Ziffer 1.3. (Abwehrkosten nach Eintritt des Versicherungsfalls) hat.

Hierfür besteht ein Sublimit in Höhe von € 250.000,--.

Für die Auswahl des Rechtsanwalts durch das Unternehmen gilt § 2 Ziffer 1.10. (Freie Anwaltswahl) entsprechend.

4.4   Faute non séparable des fonctions

Die VOV gewährt der Versicherungsnehmerin und deren Tochterunternehmen Versicherungsschutz für Vermögensschäden aufgrund von Pflichtverletzungen, die versicherte Personen gegenüber Dritten begangen haben. Dies gilt nur insoweit, als die Versicherungsnehmerin oder ein Tochterunternehmen nach den Grundsätzen der französischen Rechtsprechung der Chambre Commerciale de la Cour de Cassation (Arret du 20 mai 2003) über den sog. „faute non séparable des fonctions" an Stelle der versicherten Person für den von ihr durch eine nach diesem Vertrag versicherte Pflichtverletzung verursachten Vermögensschaden gegenüber Dritten haftet.

4.5   Unterstützung in Verfahren der Stiftungsaufsicht und bei Aberkennung der Gemeinnützigkeit

Handelt es sich bei der Versicherungsnehmerin oder einem Tochterunternehmen um eine Stiftung oder einen eingetragenen Verein und wird der Stiftung die stiftungsrechtliche Genehmigung entzogen oder der Stiftung bzw. dem Verein die vollständige Aberkennung der Verfolgung steuerbegünstigter Zwecke (z.B. nach §§ 51 ff. AO) oder der Stiftung die zwangsweise Auflösung aus einem anderen Grund als Insolvenz oder Unmöglichkeit der Erfüllung des Stiftungszwecks angedroht, übernimmt die VOV die erforderlichen und angemessenen Kosten der Verteidigung gegen die jeweilige behördliche Maßnahme. Voraussetzung ist, dass die jeweilige behördliche Maßnahme mit einer bei der versicherten Tätigkeit begangenen Pflichtverletzung in Zusammenhang steht, die einen durch diesen Vertrag gedeckten Versicherungsfall ausgelöst hat oder den Eintritt eines solchen Versicherungsfalls ernstlich befürchten lässt.

4.6 Versicherung des Finanzinteresses (Financial Interest Cover – FInC)

Hält die Versicherungsnehmerin eine Beteiligung an einem Tochterunternehmen mit Sitz in einem Staat, in dem die VOV nicht zum Betrieb des Versicherungsgeschäfts zugelassen ist oder unterhält die Versicherungsnehmerin oder ein Tochter unternehmen eine rechtlich unselbständige Produktionsstätte oder einen sonstigen rechtlich unselbständigen Betrieb in einem solchen Staat, ist Gegenstand des Versicherungsschutzes in Versicherungsfällen, die wegen der Nichtzulassung vor Ort nicht reguliert werden dürfen, ausschließlich das Interesse der Versicherungsnehmerin, den wirtschaftlichen Wert ihrer Beteiligung an dem jeweiligen Tochterunternehmen oder Betrieb zu erhalten. Dieser Versicherungsschutz bezieht sich demnach ausschließlich auf Vermögenseinbußen der Versicherungsnehmerin.

In solchen Versicherungsfällen hat die Versicherungsnehmerin Versicherungsschutz in dem Umfang, in dem sich der Wert der Beteiligung an dem Tochterunternehmen oder der Wert des Betriebes in Folge der dem Versicherungsfall zugrunde liegenden Pflichtverletzung einer versicherten Person verringert. Das gilt nur, wenn und soweit der Versicherungsfall ausschließlich wegen der Nichtzulassung vor Ort nicht reguliert wird. Die VOV leistet an die Versicherungsnehmerin einen Ausgleich für die Wertminderung der Beteiligung oder des Betriebes. Als Wertminderung gilt der Betrag, der von der VOV gemäß § 2 Ziffer 2. (Freistellung von Haftpflichtansprüchen) zu ersetzen wäre, wenn Versicherungsleistungen vor Ort erbracht werden dürften.

Soweit der Versicherungsfall von einer lokalen Police gedeckt ist, geht diese vor. Zahlungen der VOV erfolgen in Euro und ausschließlich an die Versicherungsnehmerin.

5 Restrukturierungsversicherung (Restructuring Cover, ReCo)

Gerät die Versicherungsnehmerin oder ein Tochterunternehmen während der Dauer des Versicherungsvertrags in wirtschaftliche Schwierigkeiten, ohne bereits insolvenzreif zu sein, übernimmt die VOV zur Vermeidung des Eintritts eines Versicherungsfalls im Sinne von § 1 Ziffer 1. die Kosten der Beauftragung eines bei ihr gelisteten Spezialisten für Restrukturierung und Sanierung (ReCo-Spezialist) zum Zweck der situationsbezogenen Beratung der Versicherungsnehmerin, des Tochterunternehmens oder einer versicherten Person im Sinne von § 5 Ziffer 1. (Bestellte Organmitglieder).

Wirtschaftliche Schwierigkeiten sind anzunehmen, wenn der ReCo-Spezialist gegenüber der VOV in Textform das Vorliegen eines der folgenden Ereignisse und das Nichtvorliegen von Insolvenzreife bei Aufnahme seiner Tätigkeit bestätigt:

- Bruch der mit den finanzierenden Banken vereinbarten Financial Covenants,
- einseitige Verkürzung der Zahlungsziele durch einen Kreditversicherer,
- einseitige Kürzung der Kreditlinien durch ein finanzierendes Kreditinstitut,
- Unfähigkeit der Gesellschaft, fällige Verbindlichkeiten innerhalb von drei Wochen zu begleichen oder

– negativer operativer Cashflow über einen Zeitraum von mindestens vier Wochen, ohne dass signifikante Zahlungseingänge in den nächsten Wochen mit hoher Wahrscheinlichkeit zu erwarten sind.

Die von der VOV finanzierte Beratungsleistung des ReCoSpezialisten umfasst

– eine Bestandsaufnahme der aktuellen wirtschaftlichen Situation in Form eines „quickchecks" (regelmäßig ein Vorgespräch und ggf. ein sich anschließender Workshop in dem Unternehmen),
– eine diesbezügliche rechtliche Prüfung,
– eine konkrete Handlungsempfehlung sowie
– eine Beratung bei der Umsetzung der Empfehlung.

Leistung aus der Restrukturierungsversicherung kann einmal pro Versicherungsperiode entweder von der Versicherungsnehmerin, einem Tochterunternehmen oder einem bestellten Organmitglied selbst in Anspruch genommen werden und ist auf insgesamt 40 Arbeitsstunden des ReCo-Spezialisten beschränkt (Sublimit). Durch die Beauftragung des ReCo- Spezialisten entsteht ein Mandatsverhältnis ausschließlich zum Auftraggeber, nicht zur VOV. Diese übernimmt keinerlei Haftung für die Leistung des ReCo-Spezialisten.

Die VOV wird die dem ReCo-Spezialisten von seinem Auftraggeber zum Zweck der Auftragserfüllung zur Verfügung gestellten Unterlagen und Informationen erst einsehen, wenn sie durch den Eintritt eines Versicherungsfalls hierzu ohnehin berechtigt wird.

§ 3 Rahmen des Versicherungsschutzes
1   Versicherungssumme, Sublimit, Rückforderungsverzicht bei Kosten, Wiederauffüllung

1.1 Versicherungssumme

Die Leistungspflicht der VOV ist auf die vereinbarte Versicherungssumme begrenzt. Diese bildet die Leistungsobergrenze in jedem einzelnen Versicherungsfall und für alle Versicherungsfälle einer Versicherungsperiode zusammen. Sie stellt also die Höchstleistung der VOV innerhalb einer Versicherungsperiode dar. Das gilt auch dann, wenn eine Versicherungsperiode vereinbarungsgemäß länger oder kürzer als ein Jahr ist.

Die Versicherungssumme begrenzt auch sämtliche durch die VOV zu übernehmenden Kosten (beispielsweise Abwehrkosten gemäß § 2 Ziffer 1., Strafverteidigerkosten oder der Versicherungsnehmerin bzw. einem Tochterunternehmen zu erstattende Kosten). Auch Kosten werden also aus der Versicherungssumme entnommen, soweit es sich nicht um interne Kosten der VOV oder um die Kosten einer anwaltlichen Vertretung der VOV in außergerichtlichen oder gerichtlichen deckungsrechtlichen Streitigkeiten handelt.

§ 2 Ziffer 2.2. (Zinsen) und § 3 Ziffer 3. (Zusatzlimits) bleiben unberührt.

1.2 Sublimit

Ist für eine bestimmte Leistung ein Sublimit vereinbart, bildet nicht die Versicherungssumme, sondern der als Sublimit ausgewiesene Teil der Versicherungssumme die Leistungsobergrenze der VOV gegenüber jedem Leistungsberechtigten und für alle Versicherungsfälle einer Versicherungsperiode zusammen. Das gilt auch dann, wenn eine Versicherungsperiode vereinbarungsgemäß länger oder kürzer als ein Jahr ist.

1.3 Rückforderungsverzicht bei Kosten

Die VOV verzichtet, soweit nicht etwas anderes vereinbart ist, auf die Rückforderung der von ihr nach § 2 Ziffer 1. (Abwehr drohender und erhobener Haftpflichtsprüche), Ziffer 3. (Weitere Leistungen zugunsten versicherter Personen) und Ziffer 5. (Restrukturierungsversicherung) übernommenen Kosten. Dies gilt selbst dann, wenn sich im Nachhinein herausstellt, dass die VOV zur Leistung nicht verpflichtet war.

1.4 Wiederauffüllung der Versicherungssumme

Erbringt die VOV in einem Versicherungsfall eine Leistung, durch die die Versicherungssumme teilweise oder vollständig verbraucht wird, kann die Versicherungsnehmerin unter Zahlung eines Prämienzuschlags von 100 % der letzten Jahresprämie verlangen, dass die VOV den verbrauchten Betrag für einen weiteren Versicherungsfall erneut zur Verfügung stellt.

Der wieder aufgefüllte Betrag der Versicherungssumme steht nicht für einen weiteren Versicherungsfall zur Verfügung, der auf einer Pflichtverletzung beruht, die der vom Versicherungsfall betroffenen versicherten Person – in Fällen des § 2 Ziffer 4. (Leistungen zugunsten der Versicherungsnehmerin und ihrer Tochterunternehmen) der betroffenen Versicherungsnehmerin oder dem betroffenen Tochterunternehmen – bis zum Zeitpunkt der Wiederauffüllung (Zahlungseingang) bekannt geworden ist.

Das Recht, Wiederauffüllung der Versicherungssumme zu verlangen, steht der Versicherungsnehmerin nur einmal pro Versicherungsperiode und nicht im Rahmen einer vorläufigen Deckung zu. Es erlischt mit Stellung eines Insolvenzantrags über das Vermögen der Versicherungsnehmerin oder eines Tochterunternehmens, mit Ablauf des Versicherungsvertrags sowie mit Ablauf einer Frist von drei Monaten seit dem Tag, an dem der das Recht begründende Versicherungsfall eingetreten ist.

2 Erhöhung der Versicherungssumme

Wird die Versicherungssumme, ein Sublimit oder ein Zusatzlimit nach Versicherungsbeginn erhöht, kommt die Erhöhung nur solchen Versicherungsfällen zugute, die auf Pflichtverletzungen beruhen, welche der betroffenen versicherten Person – in Fällen des § 2 Ziffer 4. (Leistungen zugunsten der Versicherungsnehmerin und ihrer Tochterunternehmen) der betroffenen Versicherungsnehmerin oder dem betroffenen Tochterunternehmen – bis zum Wirksamwerden der Erhöhung nicht bekannt geworden sind.

3 Zusatzlimits

Die VOV gewährt folgende Leistungen über die Versicherungssumme hinaus (Zusatzlimits):

3.1 Persönliches Zusatzlimit nach Verbrauch der Versicherungssumme

Ist die Versicherungssumme dieses Vertrags und aller sich anschließenden Exzedentenverträge einer Versicherungsperiode verbraucht, steht ausschließlich den bei der Versicherungsnehmerin tätigen versicherten Personen im Sinne von § 5 Ziffer 1. (Bestellte Organmitglieder) für die vom Verbrauch betroffene Versicherungsperiode einmalig und insgesamt ein zusätzlicher Betrag in Höhe von 10 % der Versicherungssumme, maximal € 1.000.000,, zur Verfügung.

3.2 Abwehrkostenzusatzlimit nach Verbrauch der Versicherungssumme

Ist die Versicherungssumme dieses Vertrags und aller sich anschließenden Exzedentenverträge einer Versicherungsperiode verbraucht, steht den versicherten Personen für die vom Verbrauch betroffene Versicherungsperiode einmalig und insgesamt ein zusätzlicher Betrag in Höhe von 50 % der Versicherungssumme, maximal € 1.000.000,--, zweckge

bunden für Kosten zur Abwehr drohender oder erhobener Haftpflichtansprüche gemäß § 2 Ziffer 1. zur Verfügung.

4 Anderweitige Versicherung

Ist der Versicherungsfall ganz oder teilweise auch unter einem anderen Versicherungsvertrag versichert, stehen Versicherungssumme und Zusatzlimits erst nach Verbrauch der Versicherungssumme und etwaiger Zusatzlimits des anderen Vertrags zur Verfügung.

Bestreitet der andere Versicherer seine Eintrittspflicht ganz oder teilweise, leistet die VOV nach Abtretung des gegen den anderen Versicherer bestehenden Deckungsanspruchs vor.

Betrifft ein Versicherungsfall mehrere mit der VOV geschlossene Versicherungsverträge, ist die Leistungspflicht der VOV für diesen Versicherungsfall und für alle weiteren Versicherungsfälle der gleichen oder sich überschneidenden Versicherungsperiode(n) zusammen auf die höchste für den Versicherungsfall und die Versicherungsperiode vertraglich vereinbarte Versicherungssumme begrenzt.

5 Serienschaden

Mehrere zwischen dem Versicherungsbeginn und dem Ende der Nachmeldefrist eintretende Versicherungsfälle, denen dieselbe Pflichtverletzung einer oder mehrerer versicherter Personen zugrunde liegt, gelten unabhängig von der Anzahl der Inanspruchnahmen als ein Versicherungsfall. Diese gelten als in dem Zeitpunkt eingetreten, in dem der erste den Serien- schaden auslösende Versicherungsfall eingetreten ist.

Entsprechendes gilt für Versicherungsfälle, denen mehrere, von einer oder mehreren versicherten Personen begangene Pflichtverletzungen zugrunde liegen, wenn diese für denselben Vermögensschaden ursächlich sind.

6 Risikoausschlüsse

6.1 Wissentliche Pflichtverletzung

Der Versicherungsschutz erstreckt sich nicht auf Versicherungsfälle, die auf einer wissentlichen Pflichtverletzung beruhen, es sei denn, die verletzte Pflicht ergibt sich ausschließlich aus unternehmensinternem Recht (z.B. Satzung, Geschäftsordnung, Gesellschafter- oder Aufsichtsratsbeschluss oder arbeitgeberseitiger Weisung) und die pflichtwidrig handelnde versicherte Person durfte vernünftigerweise annehmen, auf der Grundlage ausreichender Information zum Wohl des Unternehmens zu handeln.

Ist die Pflichtverletzung streitig, übernimmt die VOV die Kosten der Anspruchsabwehr selbst dann, wenn der Anspruchsteller Wissentlichkeit behauptet. Der Versicherungsschutz endet erst, wenn die Pflichtverletzung und ihre wissentliche Begehung rechtskräftig oder durch Anerkenntnis oder Vergleich festgestellt werden. Dann sind der VOV die verauslagten Abwehrkosten zu erstatten.

Die wissentliche Pflichtverletzung einer versicherten Person wird anderen versicherten Personen – entsprechend der in § 14 Ziffer 1. (Zurechnung bei versicherten Personen) getroffenen Regelung – nicht zugerechnet.

Der Versicherungsschutz für Versicherungsfälle, die ausschließlich auf fahrlässiger oder bedingt vorsätzlicher Pflichtverletzung beruhen, wird durch diesen Ausschluss nicht berührt.

6.2 Strafen, Geldbußen, Entschädigungen mit Strafcharakter

Der Versicherungsschutz erstreckt sich nicht auf Versicherungsfälle wegen oder in Folge von Strafen, insbesondere Vertragsstrafen, oder Geldbußen oder Entschädigungen mit Strafcharakter (z.B. „punitive" oder „exemplary damages").
Dieser Ausschluss gilt nicht für

– Abwehrkosten,
– die Freistellung von Regressansprüchen, die von der Versicherungsnehmerin oder einem Tochterunternehmen wegen einer unternehmensseitig zu zahlenden Vertragsstrafe, Geldbuße, oder Entschädigung mit Strafcharakter gegen versicherte Personen geltend gemacht werden; hierfür gilt ein Sublimit in Höhe von 20 % der Versicherungssumme, maximal € 5.000.000,--,
– Entschädigungen mit Strafcharakter, denen kein gesetzliches Versicherungsverbot entgegensteht und bei denen es sich nicht um Entschädigungen wegen oder in Folge von Anstellungsschadenersatzansprüchen (Employment Practices Liability-Ansprüchen) handelt.

6.3 U.S.A.

Der Versicherungsschutz erstreckt sich nicht auf Haft pflichtansprüche der Versicherungsnehmerin oder der Toch terunternehmen gegen versicherte Personen und nicht auf Haftpflichtansprüche der versicherten Personen untereinander, die in den U.S.A. oder auf Basis des dort geltenden Rechts erhoben werden, es sei denn,

– eine versicherte Person nimmt als unmittelbare Folge eines versicherten Schadenersatzanspruchs Regress oder macht einen Ausgleichsanspruch geltend,
– diese Ansprüche werden ohne jegliche Weisung, Unterstützung, Förderung, Empfehlung oder Veranlassung einer versicherten Person, der Versicherungsnehmerin oder eines Tochterunternehmens von Aktionären oder einem Insolvenzverwalter erhoben,
– diese Ansprüche werden von einer ehemaligen versicherten Person erhoben oder
– es handelt sich um Abwehrkosten.

Weiterhin vom Versicherungsschutz ausgeschlossen sind Haftpflichtansprüche, die ganz oder teilweise auf tatsächlichen oder angeblichen Verstößen gegen Bestimmungen des US-Gesetzes zur Sicherung des Ruhestandseinkommens von Angestellten (Employee Retirement Income Securities Act von 1974), des US-Securities Act von 1933 oder des US-Securities Exchange Act von 1934 oder Durchführungs- oder Verwaltungsvorschriften dieser Bestimmungen oder vergleichbarer Bundes- oder Staatsgesetze oder entsprechender Common Law Gesetze in der jeweils aktuell gültigen Fassung beruhen.

7   Bedingungskontinuität

Wird der Versicherungsvertrag durch Vereinbarung zwischen der Versicherungsnehmerin und der VOV zum Nachteil versi cherter Personen geändert, gilt für Versicherungsfälle, die auf vor der Änderung begangenen Pflichtverletzungen beruhen, die ursprüngliche günstigere Vertragsfassung fort.

Dies gilt nicht für künftige Änderungen der Versicherungssumme oder eines Sub- oder Zusatzlimits, nicht für die künftige Vereinbarung insolvenzbezogener Klauseln (z.B. eines Insolvenzausschlusses) und auch nicht für die künftige Beendigung des Versicherungsvertrags.

§ 4 Vertragspartner

1   Versicherungsnehmerin

Versicherungsnehmerin ist das im Versicherungsschein als solche bezeichnete Unternehmen.

2   VOV

Versicherer dieses Vertrags sind die im Versicherungsschein bezeichneten Versicherer als VOV Versicherungsgemeinschaft.

Für die Verbindlichkeiten aus dem Versicherungsvertrag haften die Versicherer nicht gesamtschuldnerisch, sondern mit den von ihnen jeweils übernommenen, im Versicherungsschein ausgewiesenen prozentualen Anteilen am Versicherungsvertrag.

Die Versicherer werden bei Abschluss, Durchführung, Verwaltung und Beendigung des Versicherungsvertrags von der VOV GmbH vertreten. Aus dem Versicherungsvertrag werden die Versicherer, nicht die VOV GmbH, verpflichtet.

§ 5 Versicherte Personen

1   Bestellte Organmitglieder

Versichert sind natürliche Personen als Mitglieder oder stellvertretende Mitglieder der Geschäftsführung, des Vorstands, Aufsichtsrats, Beirats, Verwaltungsrats, Kuratoriums oder eines vergleichbaren ausländischen Organs (z.B. non-executive director) der Versicherungsnehmerin oder eines Tochterunternehmens.

2   Personen mit faktischer Organfunktion

Außerdem sind folgende natürliche Personen versichert, so weit sie im Einzelfall als faktische Organe der Versicherungsnehmerin oder eines Tochterunternehmens gelten:

- Arbeitnehmer,
- Gesellschafter.

Insoweit besteht Versicherungsschutz jeweils im Umfang der organschaftlichen Haftung.

3   Generalbevollmächtigte, Prokuristen, leitende Angestellte

Versichert sind auch natürliche Personen als Generalbevollmächtigte, Prokuristen oder leitende Angestellte der Versicherungsnehmerin oder eines Tochterunternehmens oder als Inhaber einer vergleichbaren Position nach ausländischem Recht. Versicherungsschutz wird jeweils im Umfang des nach den Grundsätzen der Arbeitnehmerhaftung bestehenden Haftungsrisikos gewährt. Bestehen Zweifel, ob eine Person leitender Angestellter ist, gilt die für sie günstigste arbeitsrechtliche Auslegung.

4   Interimsmanager, persönlich haftende Gesellschafter, Compliance-Beauftragte, u. a.

Des Weiteren sind folgende bei der Versicherungsnehmerin oder einem Tochterunternehmen tätige natürliche Personen versichert:

- Interimsmanager, soweit sie als Organmitglieder bestellt oder faktisch als Organmitglieder tätig sind; insoweit besteht Versicherungsschutz im Umfang der organschaftlichen Haftung;
- persönlich haftende Gesellschafter, soweit sie die Geschäfte der Gesellschaft führen, jedoch unter Ausnahme der Gesellschafterhaftung für Verbindlichkeiten der Gesellschaft sowie ihrer Einlagepflicht als Gesellschafter;
- Gesellschafter einer führungslosen GmbH, soweit gegen sie ein Haftpflichtanspruch wegen Verletzung ihrer Pflicht gemäß § 15 a Abs. 3 der Insolvenzordnung (InsO) geltend gemacht wird;
- Arbeitnehmer in ihrer Funktion als benannte

Compliance-Beauftragte oder als besondere vom Gesetzgeber oder durch Industriestandards vorgesehene Beauftragte zur Sicherstellung der Compliance, z.B. als Datenschutz-, Geldwäsche-, Umweltschutz-, Arbeitsschutz- oder Sicherheitsbeauftragte; Versicherungsschutz wird jeweils im Umfang des nach den Grundsätzen der Arbeitnehmerhaftung bestehenden Haftungsrisikos gewährt,

- Shadow Directors, Company Secretaries und Senior Accounting Officers, soweit Common Law betroffen ist;

§ 3 Ziffer 6.3. (U.S.A.) bleibt unberührt.

5   Liquidatoren

Natürliche Personen sind als Liquidatoren der Versicherungsnehmerin oder eines Tochterunternehmens versichert, soweit sie nicht aufgrund eines externen Dienst- oder Geschäftsbesorgungsvertrags tätig werden und die Liquidation nicht im Rahmen eines Insolvenzverfahrens erfolgt.

6   Ehegatten, eingetragene Lebenspartner, Betreuer, Pfleger, Nachlassverwalter, Erben

Versicherungsschutz wird darüber hinaus den Ehegatten, eingetragenen Lebens- partnern, Betreuern, Pflegern, Nachlassverwaltern und Erben der in den voran- gehenden Ziffern genannten versicherten Personen gewährt, soweit sie an deren Stelle im Sinne von § 1 (Versichertes Risiko) in Anspruch genommen werden.

7   Ehemalige und künftige versicherte Personen

Der Versicherungsschutz bezieht sich nicht nur auf natürliche Personen, die bei Ver- sicherungsbeginn zum Kreis der in den vorangehenden Ziffern genannten Personen gehören, sondern auch auf solche, die zu diesem Zeitpunkt bereits ausgeschieden sind oder bis zum Ende des Versicherungsvertrags hinzukommen.

Endet die Tätigkeit einer versicherten Person nach Versicherungsbeginn, bleibt der Versicherungsschutz für Versicherungsfälle wegen vor dem Ende der Tätigkeit und vor Vertragsende begangener Pflichtverletzungen unberührt.

§ 6 Versicherte Tätigkeit

1   Organschaftliche und operative Tätigkeit

Versicherte Tätigkeit ist das Handeln oder Unterlassen versicherter Personen in ihren in § 5 jeweils aufgeführten Funktionen einschließlich der gesamten operativen Tätigkeit.

2   Fremdmandate in Unternehmen, Vereinen, Verbänden oder gemeinnützigen Organisationen

Versichert ist ferner die Tätigkeit versicherter Personen im Rahmen der Ausübung von Mandaten im Sinne von § 5 Ziffer 1. (Bestellte Organmitglieder), die im Interesse oder auf Weisung der Versicherungsnehmerin oder eines Tochterunter- nehmens in sonstigen Unternehmen, Vereinen, Verbänden oder gemeinnützigen Organisationen wahrge nommen werden (Fremdmandate). Für den Nachweis einer interessen- oder weisungsgebundenen Entsendung genügt die nachträgliche text- förmige Bestätigung des entsendenden Unternehmens.

Besteht Versicherungsschutz auch über einen anderen Versicherungsvertrag, steht die Versicherungsleistung dieses Vertrags erst im Anschluss an die andere Ver- sicherung zur Verfügung. Wurde der andere Versicherungsvertrag auch mit der VOV abgeschlossen, ist die Leistung der VOV insgesamt auf die / das höchste der ver- einbarten Versicherungssummen, Sub- und Zusatzlimits je Versicherungsfall und je Versicherungsperiode begrenzt. Hat der Fremdmandatsträger einen Freistellungs- anspruch gegen das mandatierende Unternehmen, steht die Versicherungsleistung dieses Vertrags erst im Anschluss an die Freistellung zur Verfügung und nur soweit die Haftungssumme die Freistellung übersteigt.

Für Fremdmandate in Unternehmen gilt ein Sublimit in Höhe von 50 % der Versicherungssumme, maximal € 5.000.000,--. Für Fremdmandate in Vereinen, Verbänden oder gemeinnützigen Organisationen gilt kein Sublimit.

Kein Versicherungsschutz besteht für Fremdmandate in börsennotierten Unternehmen, Unternehmen mit Sitz in den U.S.A., Finanzdienstleistungsunternehmen und Lizenz-/Profisportbetrieben.

§ 7 Tochterunternehmen

1   Begriff des Tochterunternehmens

Tochterunternehmen sind Unternehmen, bei denen die Versicherungsnehmerin direkt oder indirekt (z.B. Enkelunternehmen) beherrschenden Einfluss ausüben kann, entweder durch

- die Mehrheit der Stimmrechte der Gesellschafter oder
- das Recht, die Mehrheit der Mitglieder des die Finanz- und Geschäftspolitik bestimmenden Verwaltungs-, Leitungs- oder Aufsichtsorgans zu bestellen oder abzuberufen, und sie gleichzeitig Gesellschafterin ist oder
- das Recht, die Finanz- und Geschäftspolitik aufgrund eines mit diesem Unternehmen geschlossenen Beherrschungsvertrags oder aufgrund einer Satzungsbestimmung dieses Unternehmens zu bestimmen oder
- das Tragen der Mehrheit der Risiken und Chancen bei wirtschaftlicher Betrachtung, wenn das Unternehmen zur Erreichung eines eng begrenzten und genau definierten Ziels der Versicherungsnehmerin dient (Zweckgesellschaft i.S.d. § 290 HGB).

Als Tochterunternehmen gelten auch

- Unternehmen, an denen die Versicherungsnehmerin direkt oder indirekt die Mehrheit der Kapitalanteile hält und
- Unternehmen, soweit sie für die Versicherungsnehmerin oder ein Tochterunternehmen die Funktion der Komplementär-GmbH oder Komplementär-AG wahrnehmen.

Handelt es sich bei einem Unternehmen im Sinne dieser Ziffer 1. um eine Personengesellschaft, umfasst der Versicherungsschutz nicht die Gesellschafterhaftung für Verbindlichkeiten der Gesellschaft und nicht die Einlagepflicht als Gesellschafter.

2   Gründung von Tochterunternehmen

Auch ein noch in der Gründungsphase befindliches Unternehmen, bei dem die Versicherungsnehmerin direkt oder indirekt beherrschenden Einfluss im Sinne der in Ziffer 1. aufgeführten Kriterien ausüben kann, gilt bereits als Tochterunternehmen. Die Gründungsphase beginnt mit der rechtsgültigen Abfassung des Gesellschaftsvertrags in der gesetzlich vorgeschriebenen Form.

3   Besonderheiten des Versicherungsschutzes bei hinzukommenden Tochterunternehmen

Für Unternehmen, die erst nach Versicherungsbeginn Tochterunternehmen werden (hinzukommende Tochterunterneh men) und für die dort tätigen versicherten Personen, gelten folgende besondere Bestimmungen:

3.1 Vorwärtsdeckung für hinzukommende Tochterunternehmen

Der Versicherungsschutz umfasst Versicherungsfälle wegen Pflichtverletzungen, die nach dem Hinzukommen begangen werden. Kommt ein Tochterunternehmen hinzu, dessen Bilanzsumme höher als die letzte (Konzern-) Bilanzsumme der Versicherungsnehmerin ist, wird die Vorwärtsdeckung begrenzt auf Versicherungsfälle, die innerhalb von 60 Tagen nach dem Hinzukommen eintreten. Das Gleiche gilt bei einem hinzukommenden Tochterunternehmen, das ein Finanzdienstleistungsunternehmen ist und dessen Bilanzsumme mehr als 30 % der letzten (Konzern-) Bilanzsumme der Versicherungsnehmerin ausmacht. Ein über den 60-Tage-Zeitraum hinaus gehender Versicherungsschutz muss gesondert in Textform zwischen der Versicherungsnehmerin und der VOV vereinbart werden.

3.2 Rückwirkender Versicherungsschutz für hinzukommende Tochterunternehmen

Der Versicherungsschutz umfasst außerdem Versicherungsfäl le wegen Pflichtverletzungen, die innerhalb von 12 Monaten vor dem Hinzukommen begangen wurden, sofern die jeweilige Pflichtverletzung bis zu diesem Zeitpunkt weder der Versicherungsnehmerin, noch dem Tochterunternehmen, noch der jeweils in Anspruch genommenen versicherten Person bekannt geworden ist. Kommt ein Tochterunternehmen hinzu, dessen Bilanzsumme höher als die letzte (Konzern-) Bilanzsumme der Versicherungsnehmerin ist, besteht kein rückwirkender Versicherungsschutz. Das Gleiche gilt bei einem hinzukommenden Tochterunternehmen, das ein Finanzdienstleistungsunternehmen ist und dessen Bilanzsumme mehr als 30 % der letzten (Konzern-) Bilanzsumme der Versicherungsnehmerin ausmacht.

3.3 Option zur Ausdehnung des rückwirkenden Versicherungsschutzes für hinzukommende Tochterunternehmen

Die Versicherungsnehmerin hat das Recht, von der VOV innerhalb eines Monats nach dem Hinzukommen eines Tochterunternehmens ein Angebot zur zeitlichen Ausweitung des vorgenannten rückwirkenden Versicherungsschutzes für hinzukommende Tochterunternehmen anzufordern.

3.4   Hinzukommende börsennotierte oder US-Tochterunternehmen

Hinzukommende Tochterunternehmen (und die dort tätigen versicherten Personen) mit Sitz in den U.S.A. oder solche, deren Aktien an einer Börse gehandelt werden, sind nur in den Versicherungsschutz einbezogen, wenn dies gesondert in Textform zwischen der Versicherungsnehmerin und der VOV vereinbart wird.

4   Besonderheiten des Versicherungsschutzes bei ausscheidenden Tochterunternehmen

Für Unternehmen, die nach Versicherungsbeginn die Eigenschaft als Tochterunternehmen verlieren (ausscheidende Tochterunternehmen) und die dort tätigen versicherten Personen gelten folgende besondere Bestimmungen:

4.1 Fortbestehen bereits erlangten Versicherungsschutzes

Der Versicherungsschutz für Versicherungsfälle wegen vor dem Ausscheiden begangener Pflichtverletzungen bleibt un berührt. Für Versicherungsfälle wegen Pflichtverletzungen, die nach dem Ausscheiden begangen werden, besteht hingegen kein Versicherungsschutz.

4.2   Option eines gesonderten Versicherungsvertrags („Run Off") bei ausscheidenden Tochterunternehmen

Die Versicherungsnehmerin hat das Recht, von der VOV innerhalb von 2 Monaten nach dem Ausscheiden eines Tochterunternehmens ein Angebot für einen gesonderten Versicherungsvertrag mit einer eigenständigen Versicherungssumme (Run Off) für dieses Tochterunternehmen zur Gewährung von Versicherungsschutz für Versicherungsfälle wegen vor dem Ausscheiden begangener Pflichtverletzungen einzuholen.

5   Ehemalige Tochterunternehmen

Versicherte Personen im Sinne von § 5 haben auch Versicherungsschutz für ihre Tätigkeit als Organmitglied von Unternehmen, die zwar vor, jedoch nicht mehr bei Versicherungsbeginn Tochterunternehmen der Versicherungsnehmerin waren (ehemalige Tochterunternehmen). Dies gilt nur für Versiche rungsfälle wegen Pflichtverletzungen, die begangen wurden, während das Unternehmen Tochterunternehmen war. Kein Versicherungsschutz besteht für die Tätigkeit bei börsennotierten ehemaligen Tochterunternehmen oder ehemaligen Tochterunternehmen mit Sitz in den U.S.A., für Pflichtverlet

zungen, die bis zum Versicherungsbeginn der Versicherungsnehmerin, dem ehemaligen Tochterunternehmen oder der jeweils versicherten Person bekannt geworden sind, sowie für ehemalige versicherte Personen im Sinne von § 5 Ziffer 7.

§ 8 Versicherter Zeitraum

1   Vorwärtsdeckung

Versicherungsschutz besteht für Versicherungsfälle, die zwi schen dem im Versicherungsschein benannten Versicherungs beginn und dem Ende des Versicherungsvertrags eintreten und auf einer in diesem Zeitraum begangenen Pflichtverletzung beruhen.

2   Rückwärtsdeckung

Versicherungsschutz besteht darüber hinaus für Versicherungsfälle, die in dem vorgenannten Zeitraum eintreten und auf einer vor Versicherungsbeginn begangenen Pflichtverletzung beruhen, sofern diese bis zum Versicherungsbeginn der jeweils in Anspruch genommenen versicherten Person nicht bekannt geworden ist. § 7 Ziffer

3.2. (Rückwirkender Versicherungsschutz für hinzukommende Tochterunternehmen) und § 7 Ziffer 5. (Ehemalige Tochterunternehmen) bleiben unberührt.

3   Nachmeldefrist

Wird der Versicherungsvertrag anders als durch Widerruf der Versicherungsnehmerin beendet, besteht zudem Versicherungsschutz für Versicherungsfälle, die nach der Beendigung des Vertrags eintreten, der VOV vor Ablauf einer Nachmeldefrist gemeldet werden und die auf einer vor der Vertragsbeendigung begangenen Pflichtverletzung beruhen.

Für jeden während einer Nachmeldefrist eintretenden und gemeldeten Versicherungsfall und für alle in dieser Zeit eintretenden und gemeldeten Versicherungsfälle zusammen besteht Versicherungsschutz in Höhe der nicht verbrauchten Versicherungssumme, Sub- und Zusatzlimits der letzten Versicherungsperiode zu den bei Vertragsbeendigung geltenden Bedingungen.

3.1   Unverfallbare Nachmeldefrist von bis zu 12 Jahren

Die Nachmeldefrist beträgt nach Ablauf der ersten Versicherungsperiode, sofern diese mindestens ein Jahr gedauert hat, 6 Jahre und verlängert sich mit Ablauf der zweiten, mindestens einjährigen Versicherungsperiode auf 8 Jahre. Die Nachmeldefrist gilt selbst dann, wenn nach Vertragsbeendigung Versicherungsschutz unter einer anderen D&O-Versicherung besteht (Unverfallbarkeit).

Endet der Versicherungsvertrag nach Ablauf der ersten mindestens einjährigen Versicherungsperiode, hat die Versicherungsnehmerin das Recht, die Frist durch eine innerhalb von 30 Tagen nach Vertragsbeendigung zu zahlende Zusatzprämie in Höhe von 25 % der letzten Jahresprämie auf 8 Jahre zu erweitern.

In Ergänzung der vorstehenden Regelungen hat die Versicherungsnehmerin zudem das Recht, durch eine spätestens innerhalb von 30 Tagen nach Vertragsbeendigung zu zahlende Zusatzprämie in Höhe von 50 % der letzten Jahresprämie die Frist um weitere 4 Jahre auf 12 Jahre zu erweitern.

Endet der Versicherungsvertrag infolge Prämienzahlungsverzugs, bleibt die Nachmeldefrist unberührt. Lediglich die Versicherungsperiode, die vom Verzug betroffen ist, wird bei der Berechnung der Nachmeldefrist nicht berücksichtigt.

3.2   Persönliche unverfallbare Nachmeldefrist von 12 Jahren

Endet die Nachmeldefrist gemäß Ziffer 3.1., besteht für nach dem Ende dieser Nachmeldefrist eintretende und gemeldete Versicherungsfälle dennoch Versicherungsschutz, soweit versicherte Personen betroffen sind, die vor Beendigung des Versicherungsvertrags aus gesundheitlichen Gründen oder aus Altersgründen aus den Diensten der Versicherungsnehmerin oder eines Tochterunternehmens ausgeschieden und im Zeitpunkt des Versicherungsfalls noch keine 12 Jahre seit dem Ausscheiden vergangen sind (persönliche Nachmeldefrist).

Auch die persönliche Nachmeldefrist gilt selbst dann, wenn Versicherungsschutz unter einer anderen D&O-Versicherung besteht (Unverfallbarkeit).

§ 9 Vertragsdauer, Vertragsverlängerung und Kündigungsverzicht

Die Dauer des Versicherungsvertrags ergibt sich aus dem Versicherungsschein. Der Vertrag verlängert sich jeweils um ein Jahr, wenn er nicht spätestens drei Monate vor seinem jeweiligen Ablauf in Textform gekündigt wird.

Die VOV verzichtet auf ihr Recht gemäß § 111 VVG, den Versicherungsvertrag im Versicherungsfall vor Ablauf der Versicherungsperiode zu kündigen. Hat die Versicherungsnehmerin, ein Tochterunternehmen oder eine versicherte Person Anspruch auf Leistung gemäß § 2 Ziffer 5. (Restrukturierungs versicherung) und ist der Versicherungsvertrag zum Zeitpunkt des Leistungsverlangens gegenüber der VOV von keiner Seite gekündigt oder anderweitig beendet, verzichtet die VOV zum Ablauf der aktuellen Versicherungsperiode einmalig auf ihr Recht, den Versicherungsvertrag gemäß § 9 Absatz 1 ordentlich zu kündigen, sofern bis zu diesem Zeitpunkt (Ablauf der aktuellen Versicherungsperiode) weder die Anzeige eines Versicherungsfalls oder eines sonstigen Leistungsfalls, noch die Anzeige von Umständen gemäß § 2 Ziffer 1.1. erfolgt ist. Anderweitige Rechte zu einer Vertragsbeendigung (z.B. Kündigung wegen Prämienzahlungsverzugs oder Obliegen heitsverletzung) bleiben hiervon unberührt.

§ 10 Versicherungsschutz bei Neubeherrschung, Liquidation, Insolvenz oder Verschmelzung

1 Neubeherrschung

Bei einer Neubeherrschung der Versicherungsnehmerin besteht der Versicherungsschutz fort. § 3 Ziffer 4. (Anderweitige Versicherung) bleibt unberührt.

2 Liquidation

Wird die Versicherungsnehmerin freiwillig liquidiert, besteht der Versicherungsschutz ebenfalls fort. Das gilt insbesondere für Versicherungsfälle, die erst nach Abschluss des Verfahrens eintreten, aber auf zuvor begangenen Pflichtverletzungen beruhen.

3 Insolvenz

Wird ein Antrag auf Eröffnung eines Insolvenzverfahrens über das Vermögen der Versicherungsnehmerin gestellt, besteht der Versicherungsschutz uneingeschränkt fort.

4 Verschmelzung

Im Falle einer Verschmelzung der Versicherungsnehmerin auf ein anderes Unternehmen besteht Versicherungsschutz für Versicherungsfälle wegen Pflichtverletzungen, die bis zum Vollzug der Verschmelzung begangen werden. Der Versicherungsvertrag endet – sofern nicht anders vereinbart – mit Ablauf der im Zeitpunkt des Vollzugs laufenden Versicherungsperiode.

Im Falle der Verschmelzung eines anderen Unternehmens auf die Versicherungsnehmerin erwerben die versicherten Personen des auf die Versicherungsnehmerin verschmolzenen Unternehmens Versicherungsschutz für Versicherungsfälle we gen Pflichtverletzungen, die nach dem Vollzug der Verschmelzung begangen werden.

Voraussetzung hierfür ist, dass die Bilanzsumme des auf die Versicherungsnehmerin verschmolzenen Unternehmens nicht mehr als die letzte (Konzern-) Bilanzsumme der Versicherungsnehmerin ausmacht – sofern es sich um ein Finanzdienstleistungsunternehmen handelt, nicht mehr als 30 % der letzten (Konzern-) Bilanzsumme der Versicherungsnehmerin – und dass das verschmolzene Unternehmen weder börsennotiert ist noch seinen Sitz in den U.S.A. hat. Sind diese Voraussetzungen nicht erfüllt, bedarf die Mitversicherung der gesonderten Vereinbarung in Textform zwischen der Versicherungsnehmerin und der VOV.

§ 11 Gefahrerhöhung

1 Anzeigepflichtige Gefahrerhöhung

Die Versicherungsnehmerin ist nach Abgabe ihrer Vertragserklärung verpflichtet, folgende Gefahrerhöhungen unverzüglich anzuzeigen, sobald sie von ihnen Kenntnis im Sinne von

§ 14 Ziffer 2. (Zurechnung bei der Versicherungsnehmerin) erlangt:

– Angebot von Wertpapieren, insbesondere Aktien, der Versicherungsnehmerin oder eines Tochterunternehmens zum Handel an einer Börse oder

– Verlegung des Sitzes der Versicherungsnehmerin ins Ausland.

Weitere Anzeigepflichten wegen Gefahrerhöhung bestehen in Abweichung von § 23 VVG nicht.

2 Rechtsfolgen einer Anzeigepflichtverletzung

Die Rechtsfolgen einer unterlassenen oder verspäteten Anzeige ergeben sich aus den §§ 24 ff. VVG (Kündigung / Prämienerhöhung / Leistungsfreiheit wegen Gefahrerhöhung).

§ 12 Vertragliche Obliegenheiten

1 Anzeige eines Versicherungsfalls

Jede versicherte Person hat den Eintritt eines sie betreffenden Versicherungsfalls innerhalb einer Woche nach Kenntniserlangung unter einer der beiden folgenden Adressen in Textform anzuzeigen:

– VOV GmbH
  Im Mediapark 5
  50670 Köln

– schaden@vov.eu

Erlangt die Versicherungsnehmerin Kenntnis von einem Versicherungsfall, trifft sie die gleiche Obliegenheit.

In den Fällen des § 2 Ziffer 4. ist die Versicherungsnehmerin oder das jeweils betroffene Tochterunternehmen zur fristge mäßen Anzeige verpflichtet.

2 Mitwirkung im Versicherungsfall

Die versicherten Personen und Unternehmen haben bei der Schadenminderung mitzuwirken. Außerdem sind sie der VOV zur vollständigen, wahrheitsgemäßen und unverzüglichen Auskunft über die Pflichtverletzung sowie über Umstände, die für den Umfang der versicherungsvertraglichen Leistungspflicht maßgeblich sein könnten, in der von der VOV jeweils gewünschten Form (z.B. Gespräch, Schriftform) verpflichtet. Im Übrigen bleibt § 31 VVG unberührt.

3 Beachtung der Regulierungsvollmacht der VOV

Die VOV gilt als bevollmächtigt, alle ihr zweckmäßig erscheinenden außergerichtlichen oder gerichtlichen Erklärungen im Namen der von einem Versicherungsfall betroffenen versicherten Person, in den Fällen des § 2 Ziffer 4. im Namen der Versicherungsnehmerin oder des jeweils betroffenen Tochterunternehmens, abzugeben.

Kommt es in einem Versicherungsfall zu einem Rechtsstreit gegen eine versicherte Person oder ein versichertes Unternehmen, ist die VOV zur Prozessführung bevollmächtigt. Sie führt den Rechtsstreit im Namen der versicherten Person bzw. des versicherten Unternehmens. Diese sind verpflichtet, dem gemäß § 2 Ziffer 1.10. ausgewählten Rechtsanwalt Prozessvollmacht zu erteilen. Bei Rechtsstreitigkeiten in den U.S.A. oder nach dem Recht der U.S.A. haben die versicherten Personen und Unternehmen die Pflicht zur Führung des Rechtsstreits.

4 Folgen einer Obliegenheitsverletzung

Wird eine Obliegenheit aus diesem Vertrag vorsätzlich verletzt, verliert die versicherte Person ihren Versicherungsschutz; die Beweislast für das Vorliegen von Vorsatz trägt die VOV. Bei grob fahrlässiger Verletzung einer Obliegenheit ist die VOV berechtigt, ihre Leistung in einem der Schwere des Verschuldens entsprechenden Verhältnis zu kürzen; die Beweislast für das Nichtvorliegen grober Fahrlässigkeit trägt die versicherte Person.

Der Versicherungsschutz bleibt bestehen, wenn die versicherte Person nachweist, dass die Verletzung der Obliegenheit weder für den Eintritt oder die Feststellung des Versicherungsfalls noch für die Feststellung oder den Umfang der Leistungs pflicht der VOV ursächlich ist. Diese Regelung gilt nicht, wenn die Obliegenheit arglistig verletzt wurde.

In den Fällen des § 2 Ziffer 4. gilt das zu den Folgen von Obliegenheitsverletzungen Gesagte für die Versicherungsnehmerin oder ein jeweils betroffenes Tochterunternehmen entsprechend.

5 Sonstige Leistungsfälle

Die vorstehenden Ziffern 1.4. finden auf sonstige Leistungs fälle gemäß § 2 Ziffer 3. und 4. entsprechende Anwendung.

§ 13 Anerkenntnis, Vergleich, Befriedigung

Die versicherten Personen sind berechtigt, ohne vorherige Zustimmung der VOV einen Haftpflichtanspruch ganz oder zum Teil anzuerkennen, zu vergleichen oder zu befriedigen. Macht eine versicherte Person hiervon Gebrauch, ist die VOV aber nur insoweit zur Leistung verpflichtet, als sie es auch ohne das Anerkenntnis, den Vergleich oder die Befriedigung wäre.

Die VOV wird ohne Zustimmung der versicherten Person kein Anerkenntnis abgeben und keinen Vergleich schließen, soweit der anerkannte oder vergleichsweise zu zahlende

Betrag nicht aus der für den Versicherungsfall noch zur Verfügung stehenden Versicherungssumme aufgebracht werden kann.

In den Fällen des § 2 Ziffer 4. gilt das zuvor Gesagte für die Versicherungsnehmerin oder das jeweils betroffene Tochte runternehmen entsprechend.

§ 14 Zurechnung / Vorvertragliche Anzeigepflichtverletzung

1   Zurechnung bei versicherten Personen

Die Kenntnis, das Verhalten und das Verschulden einer versicherten Person werden einer anderen versicherten Person nicht zugerechnet.

2   Zurechnung bei der Versicherungsnehmerin

Soweit die Kenntnis, das Verhalten und das Verschulden der Versicherungsnehmerin von rechtlicher Bedeutung sind, werden – in Abweichung von § 47 Abs. 1 VVG – nur die Kenntnis, das Verhalten und das Verschulden folgender versicherter Personen berücksichtigt: Vorsitzende/r des Aufsichtsrats oder Beirats, Vorsitzende/r / Sprecher/in des Vorstands oder der Geschäftsführung, Alleinvorstand / Alleingeschäftsführer/in, Finanzvorstand / Geschäftsführer/in Ressort Finanzen, Leiter/ in der Rechts- und/oder Versicherungsabteilung und, sofern von diesen abweichend, Unterzeichner/in des Fragebogens.

3   Umfang des Versicherungsschutzes bei vorvertraglicher Anzeigepflichtverletzung und arglistiger Täuschung

Tritt die VOV wegen einer Verletzung der vorvertraglichen Anzeigepflicht vom Versicherungsvertrag zurück oder ändert sie deshalb den Vertrag oder ficht sie ihn wegen arglistiger Täuschung an, wird sie einer redlichen versicherten Person dennoch unverändert Versicherungsschutz für Versicherungsfälle gewähren, die bis zum ursprünglich vereinbarten Ende der im Zeitpunkt der Ausübung des Gestaltungsrechts laufenden Versicherungsperiode eintreten. Der Versicherungs vertrag gilt insoweit trotz Rücktritts, Vertragsänderung oder Anfechtung als befristet fortbestehend.

Als redlich gilt eine versicherte Person, die an der Verletzung der vorvertraglichen Anzeigepflicht oder der arglistigen Täuschung weder mitgewirkt hat noch im Tatzeitpunkt von ihr wusste.

In den Fällen des § 2 Ziffer 4. gilt das zuvor Gesagte für die Tochterunternehmen entsprechend.

§ 15 Ansprüche aus dem Versicherungsvertrag

1   Anspruchsberechtigte

Die sich aus dem Versicherungsvertrag gegen die VOV ergebenden Ansprüche und das Recht zu deren Geltendmachung stehen den versicherten Personen, in den Fällen des § 2 Ziffer 4. der Versicherungsnehmerin oder dem jeweils betroffenen Tochterunternehmen, zu.

2   Abtretung

Der Leistungsanspruch gegen die VOV gemäß § 2 Ziffer 2.1. (Schadenersatz) und
Ziffer 2.2. (Zinsen) kann ohne schriftliche Zustimmung der VOV nur an einen
geschädigten Dritten abgetreten werden.

3   Führender Versicherer

Für deckungsrechtliche Streitigkeiten ist ausschließlich der im Versicherungsschein
als „Führender Versicherer" bezeichnete Versicherer Prozesspartei und prozess-
führungsbefugt. Ein gegen den führenden Versicherer erstrittenes Urteil erkennen
die anderen Mitversicherer hiermit jeweils für sich und ihren Anteil am Versicherungsvertrag als verbindlich an.

Erreicht der Anteil des führenden Versicherers bei einem Deckungsprozess die
Berufungs- oder Revisionssumme nicht, ist eine klagende versicherte Person – in
den Fällen des § 2 Ziffer 4. das klagende Unternehmen – berechtigt und auf Verlangen des führenden Versicherers oder eines anderen Mitversicherers verpflichtet,
die Klage auf diesen anderen oder weitere beteiligte Mitversicherer auszudehnen,
bis die Summe erreicht ist. Wird diesem Verlangen nicht entsprochen, erkennen
die anderen Mitversicherer die gegen den führenden Versicherer rechtskräftig
gewordene Entscheidung nicht als auch für sich verbindlich an. Der führende Versicherer ist von den anderen Mitversicherern ermächtigt, Rechtsstreitigkeiten als
Anspruchsteller oder Kläger auch bezüglich ihrer Anteile am Versicherungsvertrag zu führen (aktive Prozessführungsbefugnis). Er ist insbesondere ermächtigt,
Prämienzahlungsansprüche gegen die Versicherungsnehmerin, Rückgewähr-
ansprüche gegen Leistungsempfänger und Regressansprüche gegen Dritte zugunsten
der anderen Mitversicherer zu verfolgen.

4   Anzuwendendes Recht

Ein Rechtsstreit über Ansprüche aus dem Versicherungsvertrag ist ausschließlich
unter Anwendung des Rechts der Bundesrepublik Deutschland zu entscheiden.

5   Gerichtsstand

Ausschließlicher Gerichtsstand ist Köln, selbst wenn die Versicherungsnehmerin,
ein Tochterunternehmen oder eine versicherte Person den (Wohn-)Sitz im Ausland
hat.

6   Fremdwährungsklausel

Die Leistungen der VOV erfolgen in Euro. Sollte eine Zahlung in einer anderen
Währung festgesetzt worden sein, wird für die Umrechnung der am Tage der
Einigung, des Vergleichsabschlusses oder der Urteilsverkündung geltende Reuters
Devisenmittelkurs zugrunde gelegt. Soweit der Zahlungsort außerhalb der Staaten,
die der Europäischen Währungsunion angehören, liegt, gelten die Verpflichtungen
der VOV mit dem Zeitpunkt als erfüllt, in dem der Euro-Betrag bei einem in der
Europäischen Währungsunion gelegenen Geldinstitut angewiesen ist.

§ 16 Großrisiken

Die vorstehenden Versicherungsbedingungen gelten uneingeschränkt auch für Versicherungsverträge über Großrisiken.

§ 17 Geltung des VVG

Im Übrigen finden auf den Versicherungsvertrag die Bestimmungen des Versicherungsvertragsgesetzes (VVG) in der jeweils geltenden Fassung Anwendung.

12.5   Jahresbezüge von Geschäftsführern nach Branchen 2022

Die Angaben beruhen auf der Studie „GmbH-Geschäftsführer-Vergütungen 2022", LPV GmbH, Hülsebrockstraße 2 – 8, 48165 Münster.

Dienstleister	Median* in €
Architekten/Ingenieure	167.865
Ausbildung/Schulung	141.196
Bauträger	134.875
EDV/Software	152.945
Finanzen/Versicherungen	155.531
Gesundheitswesen	161.621
Immobilien	123.115
Leasing/Vermietung	191.551
Spedition	162.699
Steuerberater/Wirtschaftsprüfer	164.000
Telekommunikation/Internet	149.132
Umwelttechnik/Entsorgung	142.848
Unterhaltungs- /TV-Produktion	172.179
Unternehmensberatung	146.575
Verlag	187.936
Werbe-/Medienbranche	157.089
Zeitarbeit/Wachdienste	163.980
Sonstige Dienstleister	131.717
Einzelhandel	Median* in €
Bekleidung/Lederwaren	155.536
Elektro/UE/PC	136.050
Heimwerker-/Gartencenter	124.426
Kfz-Handel/-Handwerk	120.608

Dienstleister	Median* in €
Lebensmittel/Reformhäuser	170.791
Möbel/Küchen	150.171
Onlinehandel	148.293
Raumausstattung/Wohntextilien	144.080
Schuhe	182.198
Sport-/Spielwaren	166.843
Sonstiger Einzelhandel	149.940
Großhandel	Median* in €
Baustoffe/-bedarf	156.800
Büro/EDV	199.974
Chemische Produkte	171.673
Elektro/Sanitär/Heizung	198.024
Gesundheitswesen	173.991
Import/Export	141.238
Lebensmittel/Getränke	165.283
Maschinen/Anlagen	185.940
Metall/Werkzeuge	182.321
Technischer Großhandel	183.854
Textil-/Leder-/Sportwaren	174.904
Sonstiger Großhandel	154.314
Handwerk	Median* in €
Baunebengewerbe	147.600
Bauunternehmung	148.226
Dachdecker	127.292
Dentallabor	123.511
Druckerei	138.026
Elektroinstallation	161.512
Gesundheit	174.449
Heizung/Sanitär/Klima	120.849
Metall/Maschinen	139.031
Nahrungs-/Genussmittel	143.851
Straßen-/Tiefbau	169.973
Tischler/Ladenbau	139.846
Sonstiges Handwerk	127.071
Industrie	Median* in €

Dienstleister	Median* in €
Bauzubehör/Holz	243.735
Chemie/Pharma	270.570
Energiewirtschaft	179.163
Elektro/Elektronik	194.725
Fahrzeugbau	230.328
Kunststoff/Textil/Leder	186.244
Maschinen-/Anlagenbau	208.520
Metall/Werkzeuge	194.988
Sonstige Industrie	165.176

*Median = Der angegebene Wert liegt in der Mitte der Jahresgesamtbezüge aller Teilnehmer derBranche. 50 % liegen über, 50 % unter dem angegebenen Wert

Stichwortverzeichnis

© Springer-Verlag GmbH Deutschland, ein Teil von Springer Nature 2022
A. Sattler et al., *Der Ingenieur als GmbH-Geschäftsführer*,
https://doi.org/10.1007/978-3-662-65836-9

187

Printed in the United States
by Baker & Taylor Publisher Services